装配式建筑技术工人系列教材

预 埋 工

贾亚利　主编

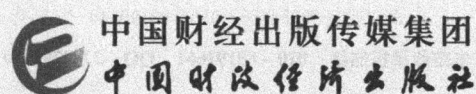

中国财经出版传媒集团
中国财政经济出版社

图书在版编目（CIP）数据

预埋工/贾亚利主编. --北京：中国财政经济出版社，2022.11

装配式建筑技术工人系列教材

ISBN 978-7-5223-0610-0

Ⅰ.①预… Ⅱ.①贾… Ⅲ.①预埋件-技术培训-教材 Ⅳ.①TU755

中国版本图书馆 CIP 数据核字（2021）第 118333 号

责任编辑：张怡然 高 青　　　责任校对：张 凡
封面设计：北京兰卡绘世　　　　责任印制：张 健

中国财政经济出版社 出版

URL：http://www.cfeph.cn

E-mail：cfeph@cfeph.cn

（版权所有　翻印必究）

社址：北京市海淀区阜成路甲 28 号　邮政编码：100142
营销中心电话：010-88191522
天猫网店：中国财政经济出版社旗舰店
网址：https://zgczjjcbs.tmall.com
北京财经印刷厂印刷　各地新华书店经销
成品尺寸：170mm×240mm　16 开　17.25 印张　224 000 字
2022 年 11 月第 1 版　2022 年 11 月北京第 1 次印刷
定价：55.00 元
ISBN 978-7-5223-0610-0
（图书出现印装问题，本社负责调换，电话：010-88190548）
本社质量投诉电话：010-88190744
打击盗版举报热线：010-88191661　QQ：2242791300

丛书编委会

主　编　缪长江

编　委　(按姓氏笔画排序)

马海滨　王金卿　许孟斌　杨卫东　张云富
李　轩　时建民　何佰洲　杨　柳　肖　晓
连　都　严晓东　庞忠军　赵千川　胡兰英
赵　亮　茹海华　贾亚利　崔恩杰　韩军浩
解国风　靳晓强　管小军　魏志民

本书编委会

主　编　贾亚利

副主编　闵世杰　连　都

委　员　李守义　吴　军　赵军文　吴振军
　　　　　　冯　伟　武万军　张　芳　柯长青
　　　　　　火　珑　李　莉　糟旭东　谭志强
　　　　　　樊旭强　刘汇东　李世宏

丛书序

新型建筑工业化有别于20世纪50年代兴起、80年代到达高峰的，以大板建筑和新型墙体改革为代表的建筑工业化。新型建筑工业化应当坚持以信息化带动工业化，以工业化促进信息化，走出一条科技含量高、经济效益好、资源消耗低、环境污染少、人力资源优势得到充分发挥的多快好省的发展道路。新型建筑工业化是在可研、设计、生产、施工和运营等诸多环节形成成套集成生产技术的基础上，实现建筑产品节能、环保、全寿命周期价值最大化的可持续发展的建筑生产方式。

新型建筑工业化的基本内容包括：（1）资源配置市场化。各类建筑生产要素一律通过市场（现货或者期货）解决，如资金、设备、材料、机具、劳动力等，非必要情况下行政力量不介入市场活动，要改变施工企业大量存储生产要素的问题，解决企业内部生产要素模拟市场化的历史遗留问题。（2）软件设计标准化。建筑工程分解后的任何一个单元，无论是标准件还是异型件，均可通过标准的软件设计来完成,最后形成一个既符合工厂产品生产要求,同时也满足现场施工需要的建筑工程体系。(3) 建筑结构模数化。组成建筑工程体系的最小单元具有不同功能和形状,单元不同组合将产生不同的结构模式,按照一定的规则和程序将不同单元组合在一起,或者按照有机原则排列组合形成的单元之和称为模数。(4) 部品生产工厂化。严格意义上讲,建筑结构实现了按照模数生产,建筑工程体系则是工厂化产品的主要形式,而构成建筑工程体系的单元产品则只是产品生产的补充,由于工程结构的变化带来工程体系技术含量的增加和结构形式的变化,势必造成产品生产企业服务的延伸,从而催生工程总承包企业迅猛发展。(5) 作业队伍专业化。装配式建筑改变了建筑生产方式,施工方式的改变导致非专业化队伍难以胜任,这就要求施工作业队伍必须走"专、精、特、新"发展道路,同时政策引导和市场细分也应跟进。(6) 施工现场装配化。一个产品技术含量越高,研发过程越复杂,操作就应该越简单、便捷,装配式建筑体系亦是如此。因此,一方面要摒弃传统施工方式,另一方面所有现场组装的建筑工程体系中技术含量部分均应提前在产品研发阶段完成,现场就是按照一定的规则和顺序简单地拼装。

"装配式建筑技术工人系列教材"由11个分册组成,即:《新型建筑工业化发展概论》《构件制作工》《构件装配工》《钢筋加工配送工》《内装部品组装工》《预埋工》《灌浆工》《打胶工》《装配式建筑案例解析》《AI

助力装配式建筑发展》《法律法规选编》。

《新型建筑工业化发展概论》厘清了历史发展脉络，反映了历史发展进程中重要事件和人物，揭示了世界前沿理论和实践成果；《AI助力装配式建筑发展》落脚于房屋建筑工程，适当增加了VR/AR、IOT、3D打印和机器人等相关内容，充分发挥AI对装配式建筑的引领和推动作用；《装配式建筑案例解析》立足于建设工程全生命周期，突出装配式建筑设计和施工阶段建模和项目管理，推动企业数字化改造并保持与人工智能的有机衔接；《法律法规选编》收录了相关政策法规、标准规范，以加强对装配式建筑工程实践的指导。

《构件制作工》《构件装配工》《钢筋加工配送工》《内装部品组装工》《预埋工》《灌浆工》和《打胶工》等技术工人教材，分为章、节、目、条。教材以条为对象进行展开细化，将主要施工环节、技术要点、工法和标准规范要求囊括其中，分条描述符合法律法规、施工图设计、技术标准和操作规程的施工流程、工序搭接和施工结果。书中也适当穿插了一些案例，以增强教材的生动性和可读性。

由于编者水平有限，谬误之处在所难免，敬请读者批评指正。

缪长江

2021年8月

前言

随着建筑技术的不断提高,建筑工业化、智能化逐渐成为新时代建筑发展的方向。中共中央、国务院在《关于进一步加强城市规划建设管理工作的若干意见》中提出:"发展新型建造方式。大力推广装配式建筑,减少建筑垃圾和扬尘污染,缩短建造工期,提升工程质量。制定装配式建筑设计、施工和验收规范。完善部品部件标准,实现建筑部品部件工厂化生产。"这为建筑行业发展指明了前进的道路。

在这样的大时代背景下,新型建筑产业工人的需求应运而生。本书旨在帮助行业内预埋工人快速了解新技术内容、施工工艺、注意事项,快速完成由传统建筑预埋工人到装配式预埋工人的转变,助力工程质量、效益的提升,从而实现建筑业转型升级和持续健康发展。

本书结构清晰,内容全面,从装配式建筑基础概念、建筑识图到预埋工作的工具、材料、工艺与施工措施,由浅入深地讲解相关知识。全书分为5章22节分别从准备阶段、预埋件的制作、预埋件施工、检查验收、运维5个方面介绍了装配式预埋工作业中各项工作的内容及要点。同时本书还通过大量附图的形式，让学习者对现场图纸、配件有直观的印象。

本书适用于装配式预埋工初级工、中级工、高级工的培训学习，针对各阶段工种作业不同的知识掌握程度，进行不同程度的解释与说明，有利于学习者快速理解、迅速提升。

在装配式建筑技术工人系列教材编委会的统筹下，本书编委会组织中建新疆建工集团、中建三局集团有限公司完成各章节的编制工作，本书编委会完成对整体内容的审核及指导修改工作。在本书的编制过程中，得到了业内诸多的帮助与支持，在内容的规范性上，也吸取总结了诸多行业先行者的经验。由于时间和水平有限，书中难免存在不妥之处，恳请广大读者批评指正。

编者

2021 年 12 月

目录

第一章 | **准备阶段** / 1
第一节 相关概念及法律法规、标准和政策 / 1
第二节 装配式建筑分类 / 6
第三节 建筑识图 / 11
第四节 工具与设备 / 37
第五节 材料 / 41
附　录 准备阶段应知应会 / 81

第二章 | **预埋件的制作** / 82
第一节 预制前的准备工作 / 82
第二节 钢材预埋件制作工艺 / 83
第三节 预埋件加工生产程序 / 92
第四节 材料及成品检验 / 95
第五节 存放及运输 / 97
附　录 预埋件制作应知应会 / 98

第三章 | **预埋件施工** / 99
第一节 施工前准备 / 99

第二节 预埋吊点 / 105

第三节 预埋件、预埋螺栓、预埋管线节点施工要求 / 111

第四节 预埋件就位 / 115

第五节 预埋件固定 / 142

第六节 施工过程管控 / 144

附　录 预埋件施工应知应会 / 169

第四章 检查验收 / 171

第一节 相关规范标准要求 / 171

第二节 预埋工程安装质量验收 / 175

附　录 预埋工检查验收应知应会 / 185

第五章 运维 / 186

第一节 成品保护 / 186

第二节 信息化技术应用 / 187

第三节 新技术、新工艺、新材料和新设备应用 / 190

第四节 发展动态和趋势 / 196

附　录 预埋工成品保护及新技术应用应知应会 / 197

案例分析 / 198

复习题库 / 205

初级预埋工题库 / 205

中级预埋工题库 / 222

高级预埋工题库 / 241

参考文献 / 262

第一章 准备阶段

本章首先介绍了装配式建筑和预埋工相关概念及特点，建设行业相关的法律、法规，与预埋工相关的国家、行业和地方标准，全国及地方装配式建筑政策、参考文献汇编；其次介绍结构体系分类及概念，帮助学员理解，提升学员识图能力，了解建筑制图基础知识，认识预埋件、预埋管道及预埋螺栓安装与拆除机具，了解建筑材料特性及功能。

第一节 相关概念及法律法规、标准和政策

一、相关概念

（一）装配式建筑

装配式建筑是指把传统建造方式中的大量现场作业工作转移到工厂进行，在工厂加工制作好建筑用构件和配件（如楼板、墙板、楼梯、阳台等），运输到建筑施工现场，通过可靠的连接方式在现

场装配安装而成的建筑。具体有以下特点：

（1）大量的建筑部品由车间生产加工完成，构件种类主要有：外墙板、内墙板、叠合板、阳台、空调板、楼梯、预制梁、预制柱等。

（2）由于现场大量的装配作业，原始现浇作业大大减少。

（3）采用建筑、装修一体化设计和施工，理想状态是装修可随主体施工同步进行。

（4）设计的标准化和管理的信息化，构件越标准，生产效率越高，相应的构件成本就会下降，配合工厂的数字化管理，整个装配式建筑的性价比会越来越高。

（5）节能环保，符合绿色建筑的要求。

（二）装配式工人

装配式工人是指在构配件生产厂内，根据生产要求及施工图设计，使用手工工具或者机械，将预埋件、预埋管、预埋螺栓等预埋件安装到构件指定位置的工人。

（三）预埋工

预埋工是指从事工地中水电管道预埋的工人。工地电工预埋就是把所有管路、电路走线按照预先设计好的图纸一一对应进行作业。预埋分为两类：

（1）基础及剪力墙预埋。一般建筑安装工程前期预埋都是以基础接地开始，这时必须做好基础接地的焊接工作，对照着基础接地图纸从头到尾检查一遍实际施工，看是否有遗漏或者焊接搭接长度是否不够、有虚焊等。

（2）顶板预埋。顶板预埋也是预埋工程量最大的一部分，它包含强电、火灾报警、综合布线等系统，配管量大、工期紧，很容易出错，这就要求施工前期必须做好准备，减少不应该犯的错误。

二、相关法律法规及标准、政策

本书以现行国家、行业及地方相关建筑工程规范为依据,以培养相应从业资格岗位能力为目标,突出所需能力的培训。因此,要求学习人员熟悉工程规范、标准,掌握装配式工程施工基本要点及强制条文。

(一) 建设行业相关的法律法规

(1)《中华人民共和国建筑法》;

(2)《中华人民共和国劳动法》;

(3)《中华人民共和国环境保护法》;

(4)《建设工程安全生产管理条例》;

(5)《中国人民共和国消防法》。

(二) 与预埋工相关的国家、行业和地方标准

(1)《装配式混凝土结构住宅建筑设计示例》15J939—1;

(2)《装配式混凝土结构表示方法及示例(剪力墙结构)》15G107—1;

(3)《〈高层民用建筑钢结构技术规程〉(图示)》16G108—7;

(4)《装配式混凝土结构预制构件选用目录(一)》16G116—1;

(5)《装配式混凝土结构连接节点构造》G310—1~2;

(6)《预制混凝土剪力墙外墙板》15G365—1;

(7)《预制混凝土剪力墙内墙板》15G365—2;

(8)《桁架钢筋混凝土叠合板(60mm 厚底板)》15G366—1;

(9)《预制钢筋混凝土板式楼梯》15G367—1;

(10)《预制钢筋混凝土阳台板、空调板及女儿墙》15G368—1;

(11)《多、高层民用建筑钢结构节点构造详图》16G519;

(12)《装配式混凝土剪力墙结构住宅施工工艺图解》16G906;

(13)《钢结构设计制图深度和表示方法》03G102；

(14)《钢结构施工图参数表示方法制图规则和构造详图》08SG115—1；

(15)《钢结构住宅》05J910—1~2；

(16)《钢管混凝土结构构造》06SG524；

(17)《型钢混凝土组合结构构造》04SG523；

(18)《木结构建筑》14J924。

(三) 全国及地方装配式建筑政策、参考文献汇编

1. 参考文献

(1)《建筑产业现代化专篇（装配式混凝土剪力墙结构施工）》[①]；

(2)《装配式建筑系列标准应用实施指南（装配式混凝土结构建筑）》；

(3)《装配式建筑系列标准应用实施指南（钢结构建筑）》；

(4)《装配式建筑系列标准应用实施指南（木结构建筑）》。

2. 重要政策

(1)《关于进一步加强城市规划建设管理工作的若干意见》：

中共中央、国务院在《关于进一步加强城市规划建设管理工作的若干意见》（以下简称《意见》）中提出："发展新型建造方式。大力推广装配式建筑，减少建筑垃圾和扬尘污染，缩短建造工期，提升工程质量。制定装配式建筑设计、施工和验收规范。完善部品部件标准，实现建筑部品部件工厂化生产。鼓励建筑企业装配式施工，现场装配。建设国家级装配式建筑生产基地。加大政策支持力度，力争用10年左右时间，使装配式建筑占新建建筑的比例达到30%。积极稳妥推广钢结构建筑。在具备条件的地方，倡导发展现代木结构建筑。"

---

① 这是中国建筑标准设计研究院有限公司发布的编号2016JSCS—7—1图集。

针对当前一些城市存在的建筑贪大、媚洋、求怪、特色缺失和文化传承堪忧等现状，《意见》提出"适用、经济、绿色、美观"的建筑八字方针，突出建筑使用功能以及节能、节水、节地、节材和环保，防止片面追求建筑外观形象，强化公共建筑和超限高层建筑设计管理。鼓励国内外建筑设计企业充分竞争，培养既有国际视野又有民族自信的建筑师队伍，倡导开展建筑评论。

在建造方式上，"搭积木式"造房子、流水线上"生产"房子，能减少建筑垃圾和扬尘污染的装配式建筑未来将在中国得到推广。《意见》提出大力推广装配式建筑，积极稳妥推广钢结构建筑。在具备条件的地方，倡导发展现代木结构建筑。

同时，要有序实施城市修补和有机更新，解决老城区环境品质下降、空间秩序混乱、历史文化遗产损毁等问题，促进建筑物、街道立面、天际线、色彩和环境更加协调、优美。通过维护加固老建筑、改造利用旧厂房、完善基础设施等措施，恢复老城区功能和活力。加强文化遗产保护传承和合理利用，保护古遗址、古建筑、近现代历史建筑，更好地延续历史文脉，展现城市风貌。

（2）《建筑产业现代化发展纲要》：

根据《建筑产业现代化发展纲要》的要求，到2020年，基本形成适应建筑产业现代化的市场机制和发展环境，建筑产业现代化技术体系基本成熟，形成一批达到国际先进水平的关键核心技术和成套技术，建设一批国家级、省级示范城市、产业基地、技术研发中心，培育一批龙头企业。装配式混凝土、钢结构、木结构建筑发展布局合理、规模逐步提高，新建公共建筑优先采用钢结构，鼓励农村、景区建筑发展木结构和轻钢结构。

装配式建筑占新建建筑的比例20%以上，直辖市、计划单列市及省会城市30%以上，保障性安居工程采取装配式建造的比例达到40%以上。

新开工全装修成品住宅面积比率30%以上。直辖市、计划单列市及省会城市保障性住房的全装修成品房面积比率达到50%

以上。

建筑业劳动生产率、施工机械装备率提高1倍。

到2025年,建筑品质全面提升,节能减排、绿色发展成效明显,创新能力大幅提升,形成一批具有较强综合实力的企业和产业体系。

装配式建筑占新建建筑的比例50%以上,保障性安居工程采取装配式建造的比例达到60%以上。

全面普及成品住宅,新开工全装修成品住宅面积比率50%以上,保障性住房的全装修成品房面积比率达到70%以上。

第二节　装配式建筑分类

一、装配式建筑的种类

按照定义,装配式建筑是指把建筑需要的墙体、叠合板等预制构件,按标准生产好,将预制件在施工现场装配,主要包括预制装配式混凝土结构、钢结构、现代木结构建筑等,采用标准化设计、工厂化生产、装配化施工、信息化管理、智能化应用。装配式建筑的种类分为砌块建筑、板材建筑、盒式建筑、骨架板材建筑、升板升层建筑。

(一)砌块建筑

砌块建筑是用预制的块状材料砌成墙体的装配式建筑,适于建造3~5层建筑,如提高砌块强度或配置钢筋,还可适当增加层数。砌块建筑适应性强,生产工艺简单,施工简便,造价较低,还可利用地方材料和工业废料。建筑砌块有小型、中型、大型之分:小型砌块适于人工搬运和砌筑,工业化程度较低,灵活方便,使用较广;中型砌块可用小型机械吊装,可节省砌筑劳动力;大型砌块现已被预制大型板材所代替。

砌块有实心和空心两类,实心的较多采用轻质材料制成。砌块的接缝是保证砌体强度的重要环节,一般采用水泥砂浆砌筑,小型砌块还可用套接而不用砂浆的干砌法,可减少施工中的湿作业。有的砌块表面经过处理,可作清水墙。

(二) 板材建筑

板材建筑是由预制的大型内外墙板、楼板和屋面板等板材装配而成,又称大板建筑。它是工业化体系建筑中全装配式建筑的主要类型。板材建筑可以减轻结构重量,提高劳动生产率,扩大建筑的使用面积和防震能力。板材建筑的内墙板多为钢筋混凝土的实心板或空心板;外墙板多为带有保温层的钢筋混凝土复合板,也可用轻骨料混凝土、泡沫混凝土或大孔混凝土等制成带有外饰面的墙板。

建筑内的设备常采用集中的室内管道配件或盒式卫生间等,以提高装配化的程度。大板建筑的关键问题是节点设计。在结构上应保证构件连接的整体性(板材之间的连接方法主要有焊接、螺栓连接和后浇混凝土整体连接)。

在防水构造上要妥善解决外墙板接缝的防水以及楼缝、角部的热工处理等问题。大板建筑的主要缺点是对建筑物造型和布局有较大的制约性;小开间横向承重的大板建筑内部分隔缺少灵活性(纵墙式、内柱式和大跨度楼板式的内部可灵活分隔)。

(三) 盒式建筑

盒式建筑是在板材建筑的基础上发展起来的一种装配式建筑。这种建筑工厂化的程度很高,现场安装快。一般不但在工厂完成盒子的结构部分,而且内部装修和设备也都安装好,甚至可连家具、地毯等一概安装齐全。盒子吊装完成、接好管线后即可使用。盒式建筑的装配形式有：

（1）全盒式：完全由承重盒子重叠组成建筑。

（2）板材盒式：将小开间的厨房、卫生间或楼梯间等做成承重盒子，再与墙板和楼板等组成建筑。

（3）核心体盒式：以承重的卫生间盒子作为核心体，四周再用楼板、墙板或骨架组成建筑。

（4）骨架盒式：用轻质材料制成的许多住宅单元或单间式盒子，支承在承重骨架上形成建筑；也有用轻质材料制成包括设备和管道的卫生间盒子，安置在用其他结构形式的建筑内。盒子建筑工业化程度较高，但投资大、运输不便，且需用重型吊装设备，因此，其发展受到限制。

（四）骨架板材建筑

骨架板材建筑是由预制的骨架和板材组成。其承重结构一般有两种形式：一种是由柱、梁组成承重框架，再搁置楼板和非承重的内外墙板的框架结构体系；另一种是柱子和楼板组成承重的板柱结构体系，内外墙板是非承重的。承重骨架一般多为重型的钢筋混凝土结构，也有采用钢和木做成骨架和板材组合，常用于轻型装配式建筑中。骨架板材建筑结构合理，可以减轻建筑物的自重，内部分隔灵活，适用于多层和高层的建筑。

钢筋混凝土框架结构体系的骨架板材建筑有全装配式、预制和现浇相结合的装配整体式两种。保证这类建筑的结构具有足够的刚度和整体性的关键是构件连接。柱与基础、柱与梁、梁与梁、梁与板等的节点连接，应根据结构的需要和施工条件，通过计算进行设计和选择。节点连接的方法，常见的有榫接法、焊接法、牛腿搁置法和留筋现浇成整体的叠合法等。

板柱结构体系的骨架板材建筑是方形或接近方形的预制楼板同预制柱子组合的结构系统。楼板多数为四角支在柱子上；也有在楼板接缝处留槽，从柱子预留孔中穿钢筋，张拉后灌混凝土。

(五) 升板升层建筑

升板升层建筑是板柱结构体系的一种，但施工方法则有所不同。这种建筑是在底层混凝土地面上重复浇筑各层楼板和屋面板，竖立预制钢筋混凝土柱子，以柱为导杆，用放在柱子上的油压千斤顶把楼板和屋面板提升到设计高度，加以固定。外墙可用砖墙、砌块墙、预制外墙板、轻质组合墙板或幕墙等；也可以在提升楼板时提升滑动模板、浇筑外墙。升板建筑施工时大量操作在地面进行，减少高空作业和垂直运输，节约模板和脚手架，并可减少施工现场面积。升板建筑多采用无梁楼板或双向密肋楼板，楼板同柱子连接节点常采用后浇柱帽或采用承重销、剪力块等无柱帽节点。升板建筑一般柱距较大，楼板承载力也较强，多用作商场、仓库、工场和多层车库等。

升层建筑是在升板建筑每层的楼板还在地面时先安装好内外预制墙体，再一起提升的建筑。升层建筑可以加快施工速度，比较适用于场地受限制的地方。

二、装配式建筑按材料分类

装配式建筑按材料可分为钢结构、混凝土结构、木结构。

(一) 钢结构

预制装配式钢结构建筑以钢柱及钢梁作为主要的承重构件。钢结构建筑自重轻、跨度大、抗风及抗震性好、保温隔热、隔声效果好，符合可持续化发展的方针，特别适用别墅、多高层住宅、办公楼等民用建筑及建筑加层等。

(二) 混凝土结构

预制装配式混凝土结构（装配整体式钢筋混凝土结构）是以

预制的混凝土构件（也叫 PC 预制构件）为主要构件，经工厂预制，现场进行装配连接，并在结合部分现浇混凝土而成的结构。PC 预制构件被广泛应用于建筑、交通、水利等领域，在国民经济中扮演重要的角色。PC 预制构件种类见图 1-1。

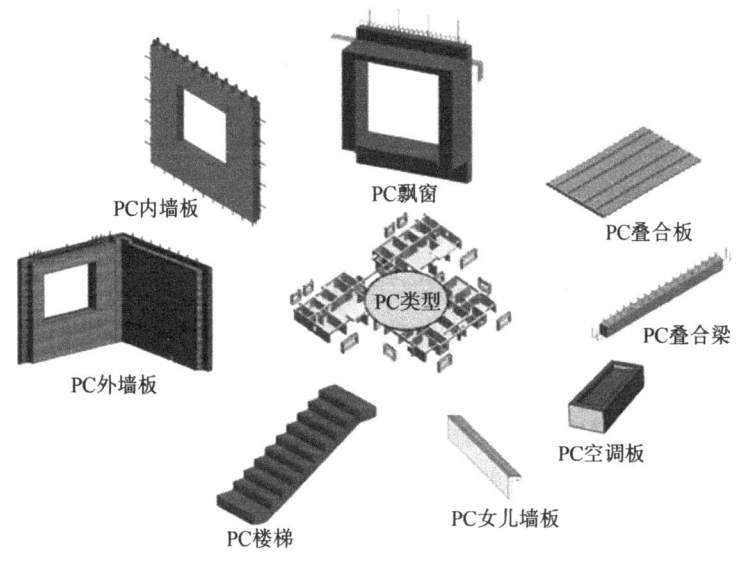

图 1-1　PC 预制构件种类

（三）木结构

木结构建筑从结构形式上，一般分为轻木结构和重型木结构，主要结构构件均采用实木锯材或工程木产品。现代木结构建筑是以构件工厂化、施工装配化的建造方式，以设计标准化、构件部品化、施工机械化为特征，能够整合设计、生产、施工多个产业链，贯彻执行了节约资源和保护环境的国家技术经济政策。现代木结构建筑更具有绿色环保、舒适耐久、保温节能、结构安全的优点，有优良的抗震、隔声等性能。木结构建筑符合国家节能减排政策导向，在中国有着巨大的发展潜力和广阔的应用前景。

第三节
建筑识图

建筑识图是建筑工程中一门重要的专业基础知识,本节主要介绍建筑识图基本知识、装配式构件预留预埋识图知识、机电安装施工图识图知识,从而充分提高工人的识图能力。

一、建筑识图基本知识

(一) 投影

投影分为两种:

(1) 中心投影法(投影线积聚到投影中心);

(2) 平行投影法(投影线相互平行)——斜角投影法。

数学上的正投影定义:在物体的平行投影中,投影线垂直于投影面,则该平行投影称正投影。不同的投影法具体见图1-2。

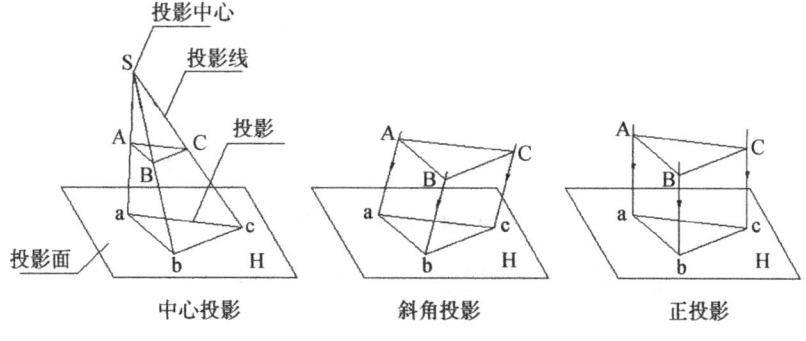

图1-2 不同的投影

(二) 轴线

轴线是用来确定房屋主要结构或构件的位置及其尺寸的基

线。轴线用于平面时，称平面定位轴线（即定位轴线）；用于竖向时，称竖向定位轴线。定位轴线之间的距离，应符合模数数列的规定。

（1）定位轴线。平面定位轴线编号原则：水平方向采用阿拉伯数字，从左向右依次编写；垂直方向采用大写拉丁字母，从下至上依次编写，其中I、O、Z不得使用，避免同1、0、2混淆。定位轴线具体见图1-3。

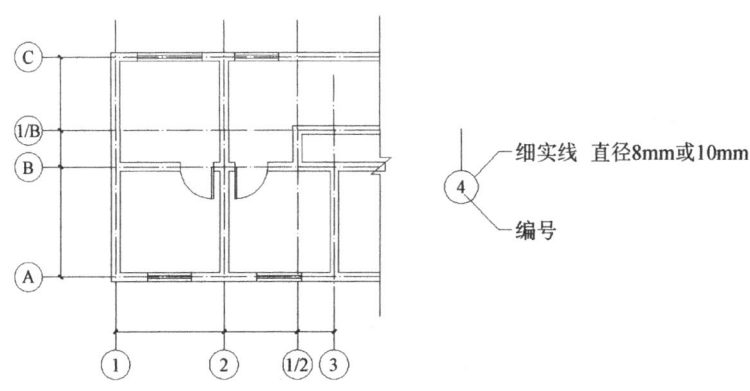

图1-3 定位轴线

（2）附加定位轴线：用于次要承重构件处（见图1-4）。

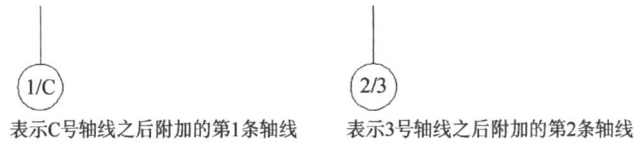

图1-4 附加定位线

（3）定位轴线的各种注法（见图1-5）：

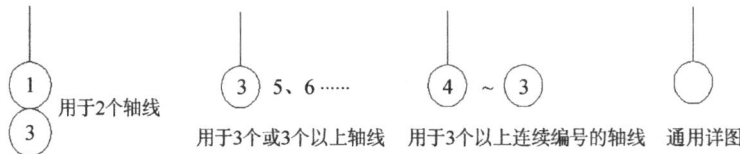

图1-5 定位标注

(三) 尺寸、标高

1. 尺寸单位

米（m）：用于标高及总平面图。

毫米（mm）：除标高及总平面图外。

建筑图纸里没特殊说明或标注的尺寸单位均为毫米（mm）。

2. 标高

标高是标注建筑物某一部位高度的一种尺寸形式。

绝对标高：我国把青岛市外的黄海海平面作为零点所测定的高度尺寸。

相对标高：凡标高的基准面是根据工程需要而自行选定的。

一般把房屋底层室内主要地面作为相对标高的零点。

3. 标高符号（见图 1-6）

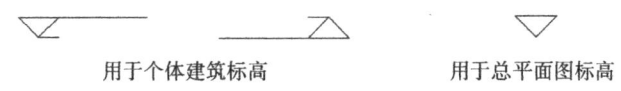

图 1-6　标高符号

4. 标高数字（见图 1-7）

总平面图标注到小数点后两位，其余标注到小数点后三位。

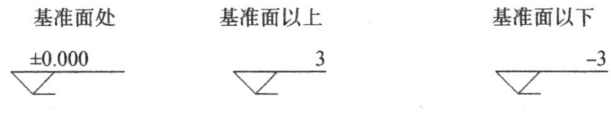

图 1-7　标高数字

(四) 详图标识符号

1. 索引符号

(1) 表示形式（见表 1-1）：

表1-1　　　　　　　索引符号表现形式

序号	图例	说明
1	基础索引符号图例	基础索引符号
2	详图编号 4/—	4：详图编号 —：详图在本张图纸上
3	剖切位置线 4/5 剖视方向线	局部剖切详图索引符号 剖切方向线：表示从上向下或从后向前
4	详图编号 4/5 详图所在图纸编号	局部剖切详图索引符号
5	标准图集编号 88J1 4/12 详图编号 详图所在标准图集页数	局部剖切详图索引符号
6	6/CQ-16 节点6在CQ-16图纸上	局部剖切详图索引符号
7	2/— 节点2在本页图纸上	局部剖切详图索引符号

(2) 索引视角方向（见图1-8）：

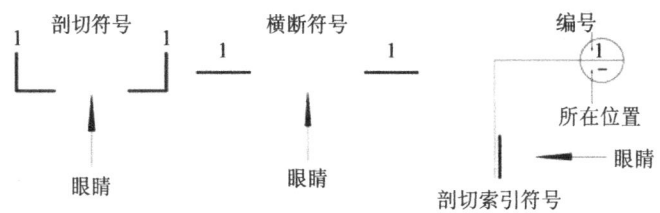

图1-8　索引视角方向的标高数字

2. 对称符号

对于完全对称的图样（两部分全都一样），可在它的中心线上用对称符号表示，其对称部分可省略绘制。对称符号的表示方法见图1-9。

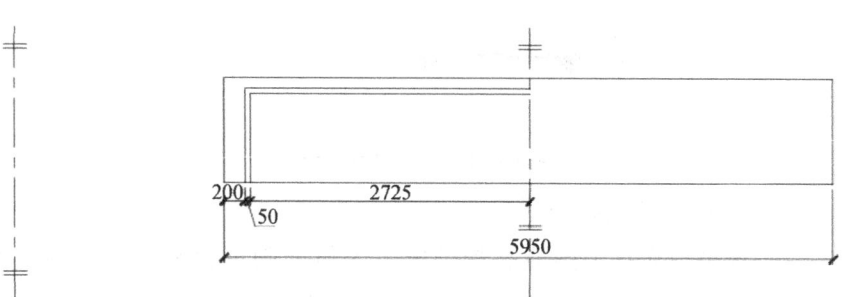

图1-9 对称符号（单位：mm）

3. 连接符号

连接符号是将构件图形切断一部分，并接上另一部分的表示符号。它的标志是以折断线表示需连接的部位，应以折断线两端靠图样一侧的大写拉丁字母表示连接编号（两个被连接的图样用相同的字母编号）。

所绘制的构件图形与另一构件的图形仅部分不相同时，可只画另一构件不同的部分，用连接符号表示相连，两个连接符号对准在同一线上。例如图1-10连接符号（a）所画的是两根梁，下面那根在连接符号左边与上面那根完全一样，而右边则与上面那根不一样。

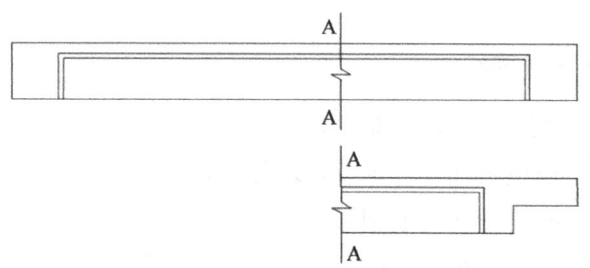

图1-10 连接符号（a）

如果同一构件在图面上绘制的地方不够时,有时就将该构件分成两个部分绘制,再用连接符号表示相连,具体见图1-11连接符号(b)。

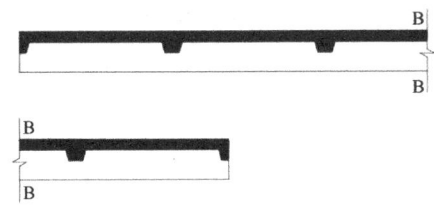

图1-11 连接符号(b)

4. 构筑填充物识图

构筑填充物识图能够帮助施工人员准确理解和描述墙体的类型、填充材料类型及相应的说明文字及对于预埋件的安装要求(见图1-12)。

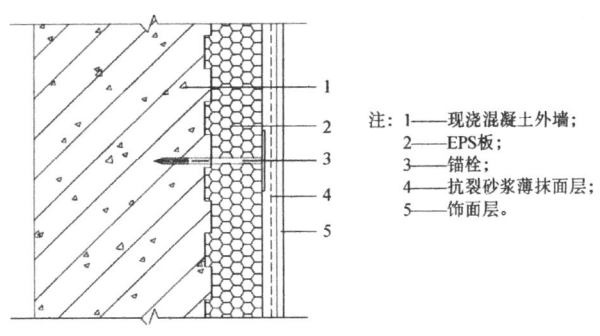

图1-12 构筑填充物

二、装配式构件预留预埋识图知识

(一) 构件图组成图纸

构件图组成图纸具体包括:

(1) 模板图(尺寸图、预埋件布置);

(2) 配筋图(钢筋型号及布置);

(3) 拉结件布置图;

(4) 节点大样图(通用);

(5) 钢筋表及预埋件表（图例）。

（二）模板图

（1）通过正视、俯视（仰视）、侧视三个视图，确定构件外轮廓尺寸及构件规格。

（2）通过正视、俯视（仰视）、侧视三个视图，确定预埋件位置。图 1-13 为模板图的示例。

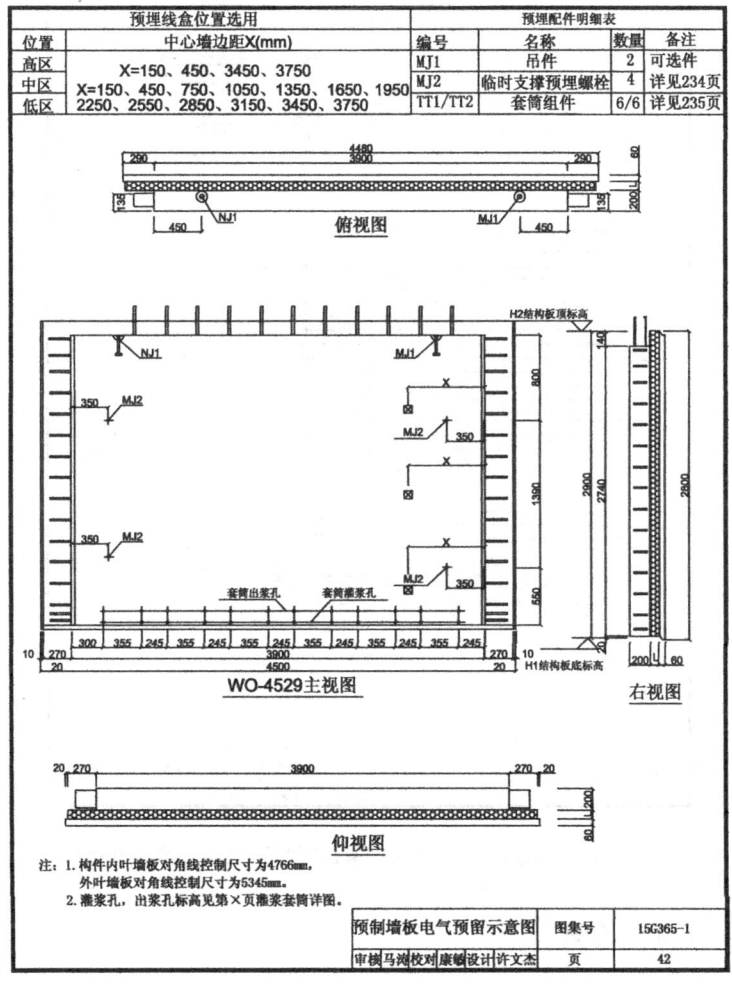

图 1-13 模板图（图中尺寸单位除特殊说明外均为 mm）

(三) 配筋图

(1) 通过正视及剖面图确定钢筋位置。

(2) 各个型号钢筋都是唯一编号。

图 1-14 为配筋图的示例。

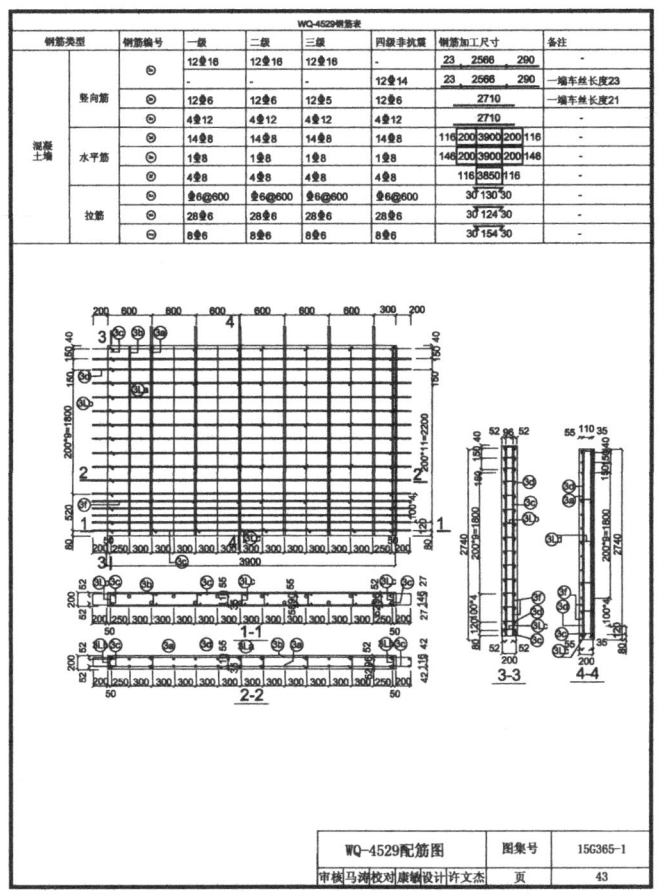

图 1-14 配筋图 (图中尺寸单位除特殊说明外均为 mm)

(四) 拉结件布置图

拉结件布置图见图 1-15。

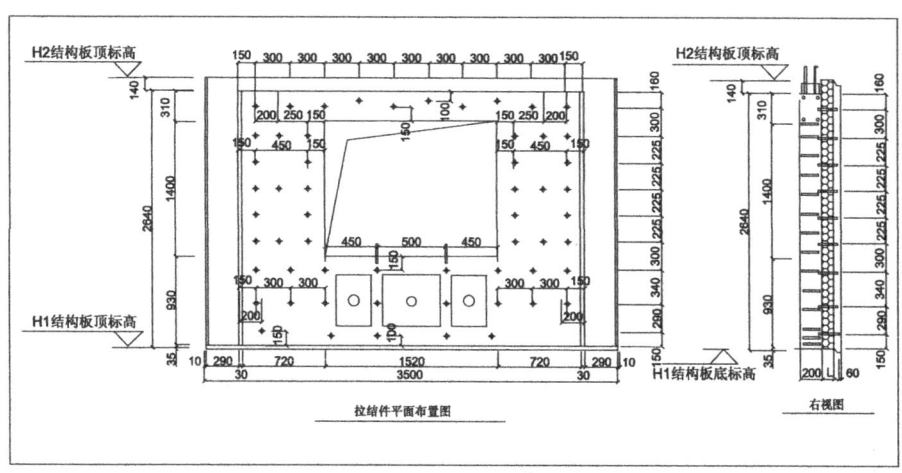

图 1-15 拉结件布置图（图中尺寸单位除特殊说明外均为 mm）

（五）节点大样图

节点大样图见图 1-16。

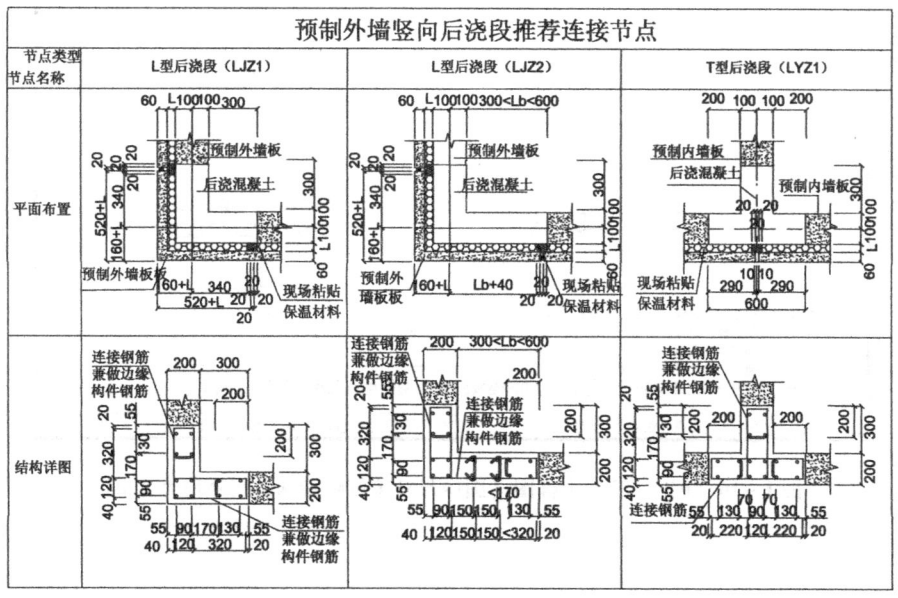

图 1-16（a） 节点大样图（图中尺寸单位除特殊说明外均为 mm）

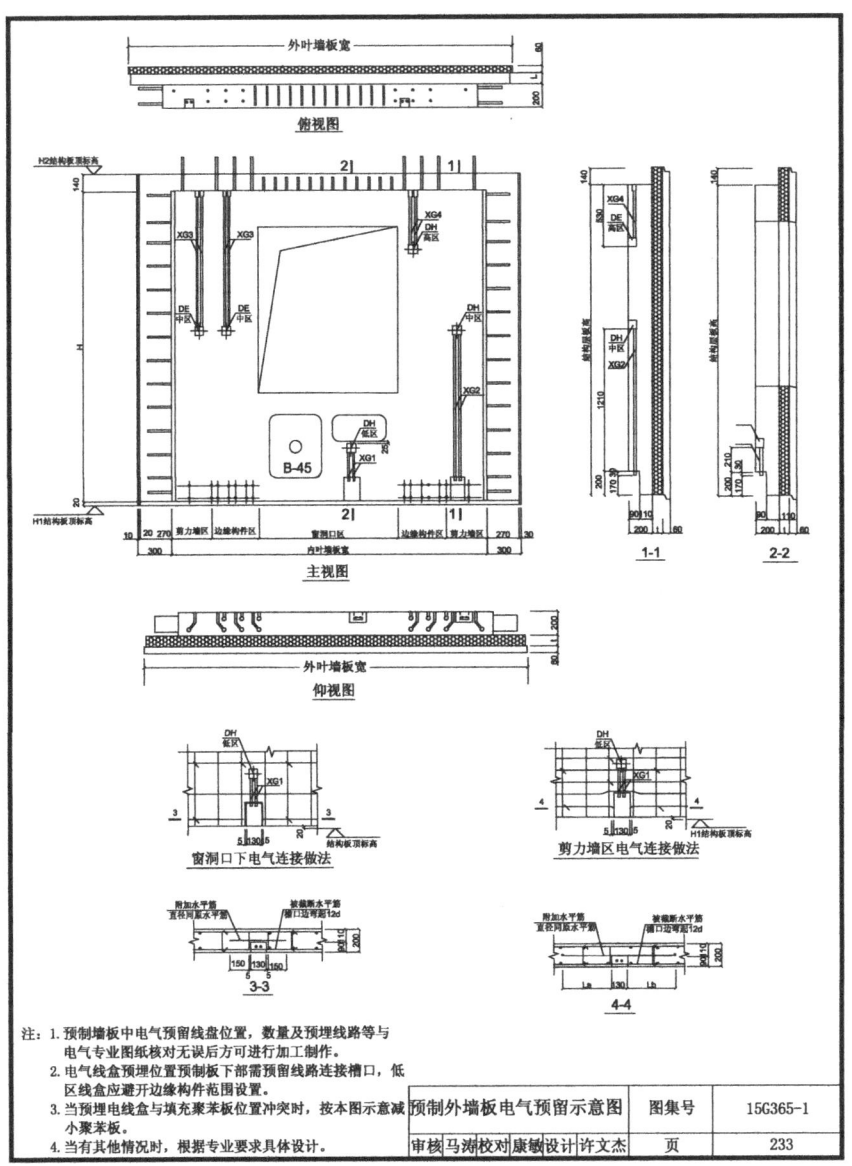

图1-16（b） 节点大样图（图中尺寸单位除特殊说明外均为mm）

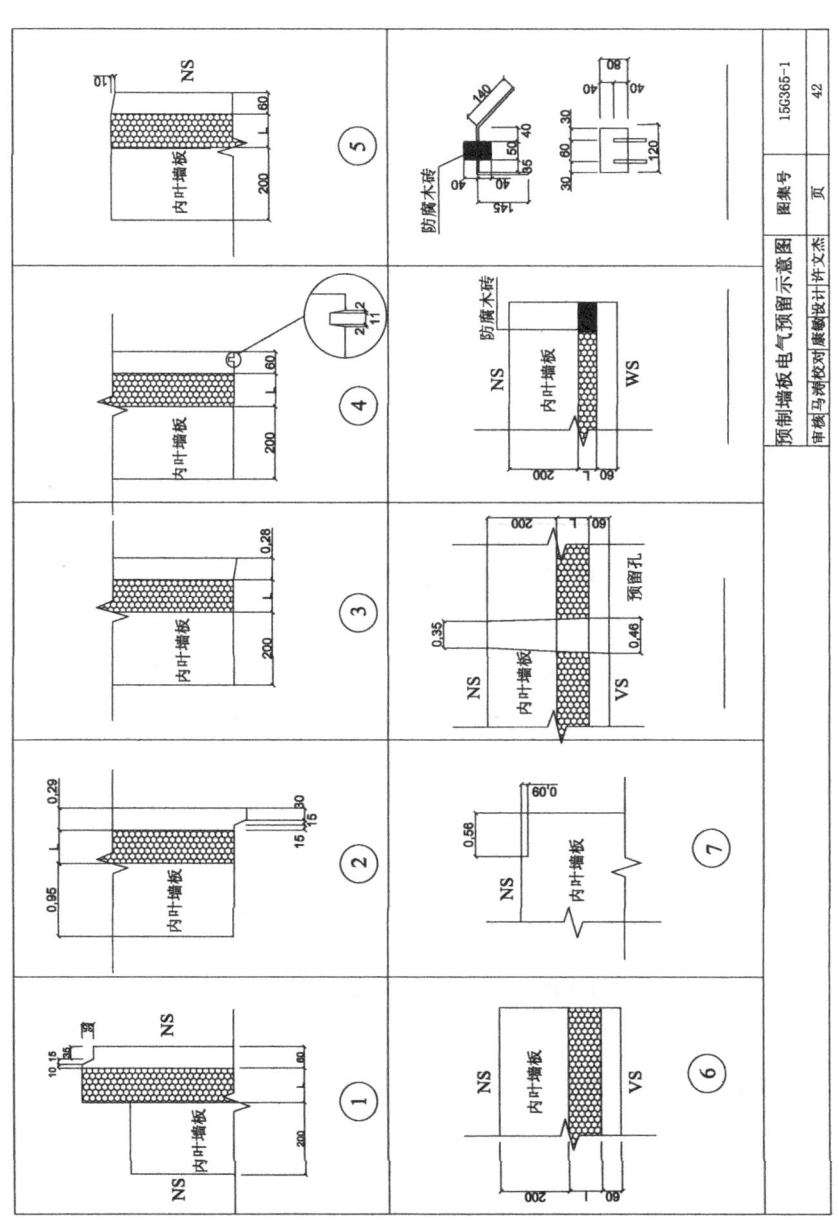

图1-16（c） 节点大样图（图中尺寸单位除特殊说明外均为mm）

（六）装配式构件中常见的预埋件名称、图例、代号

1. 门（见图1-17）

代号：M，如M1、M2、M3。

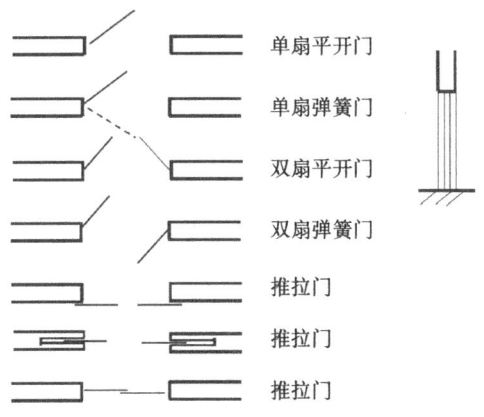

图1-17 装配式构件图例——门

2. 窗（见图1-18）

代号：C，如C1、C2、C3。

门窗代号：M1221（门洞宽1200mm、高2100mm）；

　　　　　C0912（窗洞宽900mm、高1200mm）。

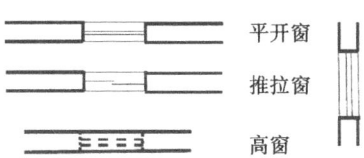

图1-18 装配式构件图例——窗

3. 预留洞、槽

墙上预留洞、墙上预留槽（见图1-19）。

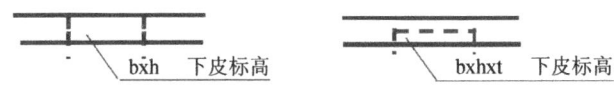

图1-19 装配式构件图例——预留洞、槽

4. 楼梯间（见图1-20）

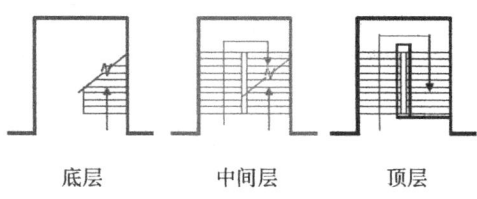

底层　　　中间层　　　顶层

图1-20　装配式构件图例——楼梯间

5. 钢筋及预埋件图示及代号

（1）钢筋图示及代号见表1-2。

表1-2　　　　　　　　　　钢筋图示及代号

钢筋类型		钢筋编号	钢筋量	钢筋加工尺寸（mm）	备注
梁	纵筋	①	2⌀20	150⌐2010⌐150	—
	构造筋	②	2⌀12	2060	—
	箍筋	③	22⌀8	160×440(560)	焊接封闭箍筋
	拉结筋	④	22⌀6	75/160\75	—
墙	水平筋	⑤	10⌀8	240×160	焊接封闭箍筋
		⑥	8⌀8	250 275 150	—
		⑦	8⌀8	150⌐2010⌐150	—
		⑧	4⌀8	250⌐2100⌐250	—
	竖向筋	⑨	8⌀8	150 2170 240 250	—
		⑩	14⌀8	150⌐950⌐150	—
	拉结筋	⑪	⌀6@600@600	75/170\75	—
	加强筋	⑫	8⌀10	300 300	—

(2) 预埋件图示及代号见表 1-3。

表 1-3　　　　　预埋件图示及代号

配件编号	图例	配件名称	配件数量（个）	备注
MJ1		吊件	2	5t，长度 240mm
MJ2		临时支撑预埋螺母	4	M16×135 双杆套筒
MJ3		模板接驳预埋螺母	8	M16×80 普通套筒
MJ4		外页板连接预埋螺母	18	M16×50 普通套筒
MJ5		临时固定预埋螺母	2	M16×80 普通套筒

（七）构件图中的编号及符号

构件编号及符号见图 1-21。

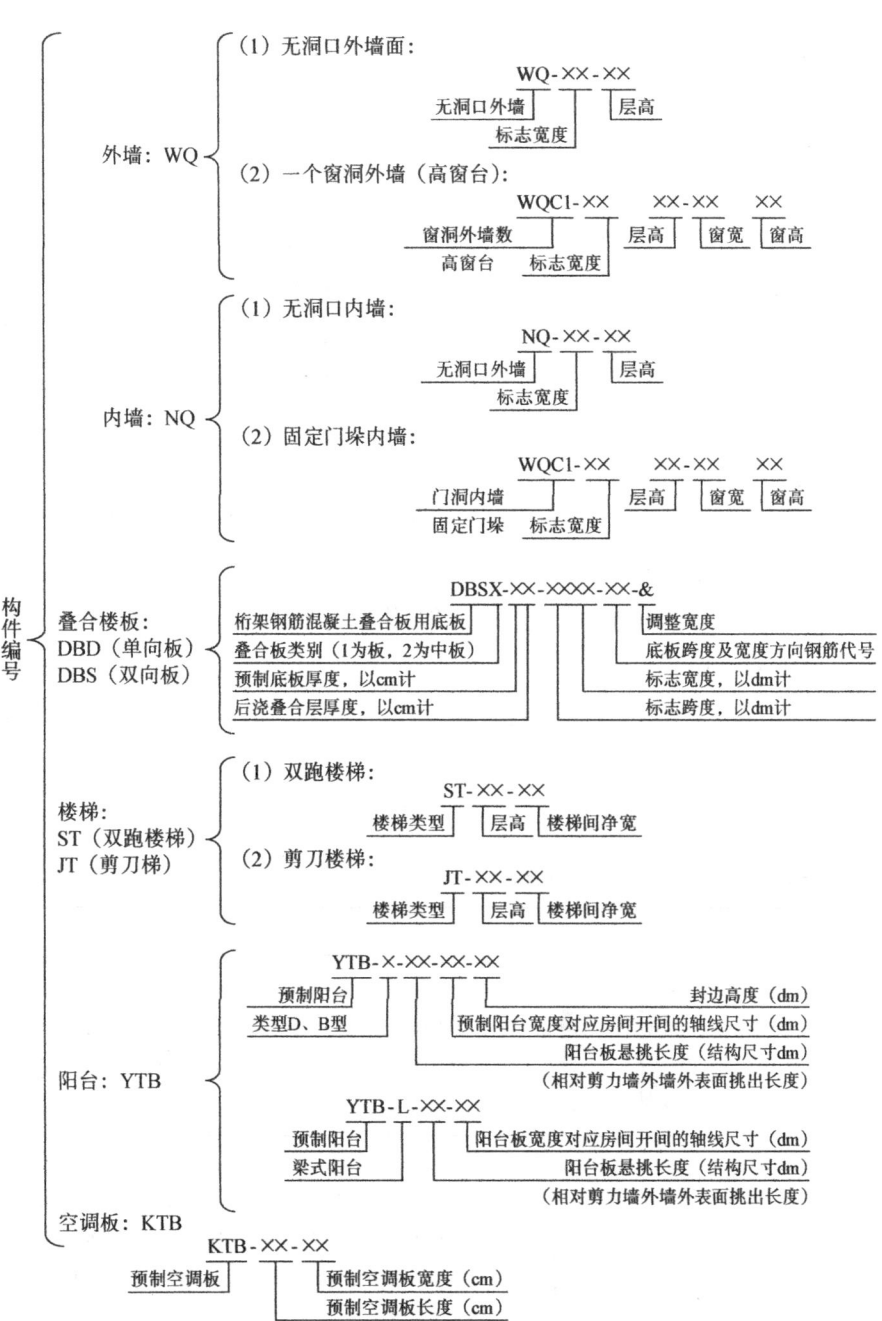

图1-21 构件图中的编号及符号

(八) 预埋件编号及布置图

1. 预埋件中的编号及符号

预埋件编号一般为 MJ1、MJ2、MJ3、MJ4……根据每个构件特性不同，设计图中会给出该预埋件规格和尺寸；电气预埋件编号一般为 DH，主要是电气插座和开关底盒的预埋（相关型号设计图中标明），其次还会有其他一些比较特殊的电气预埋，如配电箱、电位箱等，特殊的箱体会给出特殊注明。预埋件编号具体分类为：

(1) 脱模及吊装：吊钉，常用型号：1.5（起吊吨位）×90（长）、1.5×70、5×240；

(2) 临时支撑：套筒，常用型号：M16×80、M16×100、M16×135（双横杆）；

(3) 现场连接：套筒，常用型号：M16×50、M16×80、M16×100；

(4) 其他：自制吊装或连接件、灌浆套筒（仅剪力墙）、波纹管、线管。

预埋件相关图例及材料说明见表 1-4。

表 1-4　　　　　　　　预埋件图例及材料说明

序号	图例	材料说明
1	吊钉	吊环螺钉作为一种标准紧固件，在机电产品中的应用非常广泛，其主要作用是起吊载荷
2	预埋件	预埋件（预制埋件）就是预先安装（埋藏）在隐蔽工程内的构件，即在结构浇筑时安置的构配件，用于砌筑上部结构时的搭接，以利于外部工程设备基础的安装固定。预埋件大多由金属制造，例如钢筋或者铸铁，也可用木头、塑料等非金属刚性材料

续表

序号	图例	材料说明
3	金属波纹管	金属波纹管是一种外型像规则的波浪样的管材，常用的金属波纹管有碳钢的和不锈钢的，也有钢质衬塑的、铝质的等。其主要用于需要很小的弯曲半径非同心轴向传动，或者不规则转弯、伸缩，或者吸收管道的热变形等，或者在不便于用固定弯头安装的场合做管道与管道的连接和管道与设备的连接使用
4	线管	穿线管全称"建筑用绝缘电工套管"，通俗地讲是一种白色的硬质PVC线管，防腐蚀、防漏电、穿电线用的管子。其分为塑料穿线管、不锈钢穿线管、碳钢穿线管
5	灌浆套筒	灌浆套筒是由专门加工的套筒、配套灌浆料和钢筋组装的组合体，在连接钢筋时通过注入快硬无收缩灌浆料，依靠材料之间的黏结咬合作用连接钢筋与套筒。套筒灌浆接头具有性能可靠、适用性广、安装简便等优点
6	拉结件	机械连接件，用于连接软性或硬性管道

2. 预埋件安装平面布置图

预埋件安装平面布置图见图1-22。

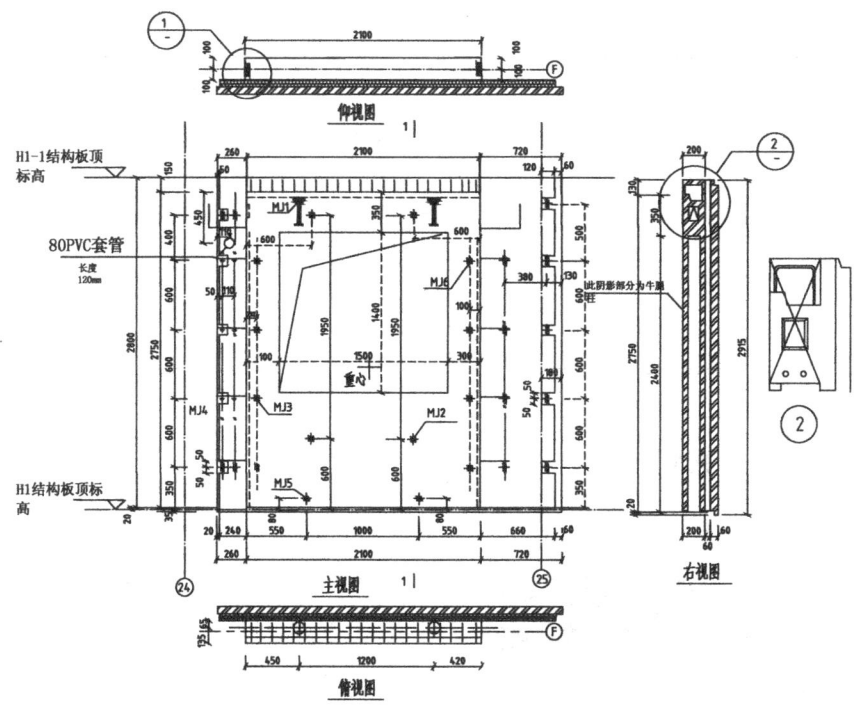

图 1-22 预埋件安装平面布置图（图中尺寸单位除特殊说明外均为 mm）

预埋工要完成构配件、生产中的预埋件、预埋管道及预埋螺栓的选型、安装、复核等工作，应当能看懂相应的图纸，了解预埋件、预埋管道及预埋螺栓的形状、大小、安装位置以及连接方式等情况，能够准确地理解预埋构件的材料类型、构件类型、对应的图例、相应尺寸标注等（见图 1-23）。

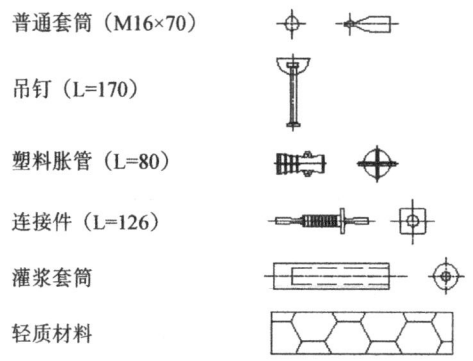

图 1-23 预埋构件相关图例

3. 预埋件位置确定

预埋工应该能够准确理解预埋件位置的各项尺寸标注：长度方向尺寸、宽度方向尺寸、厚度方向尺寸。预埋件位置图见图1-24。

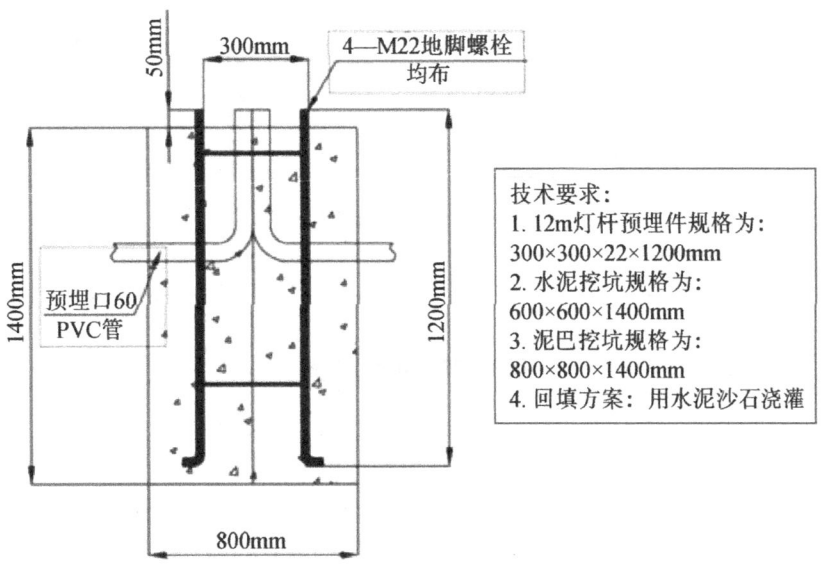

图1-24 预埋件位置图

三、机电安装施工图识图知识

（一）电气安装工程施工图

电气安装工程施工图按图纸的表现内容分，一般有电气平面图（见图1-25）、电气系统图（见图1-26、图1-27）、控制原理图、二次接线图、详图、电缆表册、图例（见图1-28、表1-5～表1-6）、设备材料表、设计说明、图纸目录等。

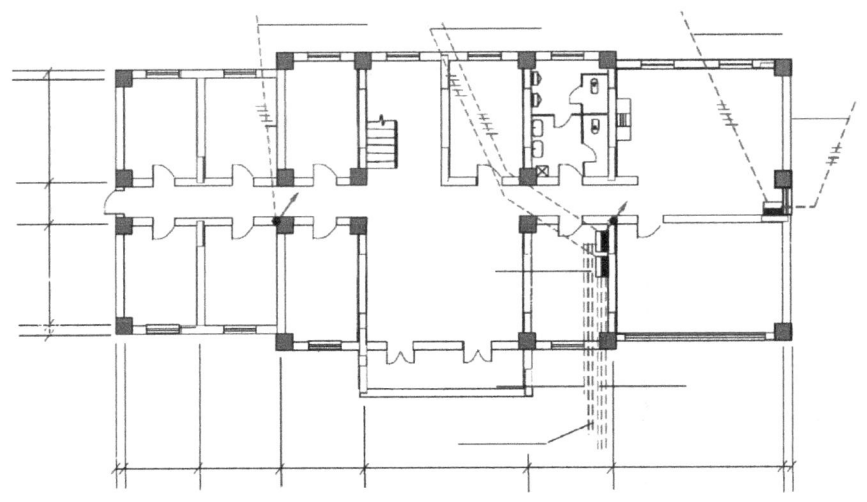

图 1-25 电气平面图

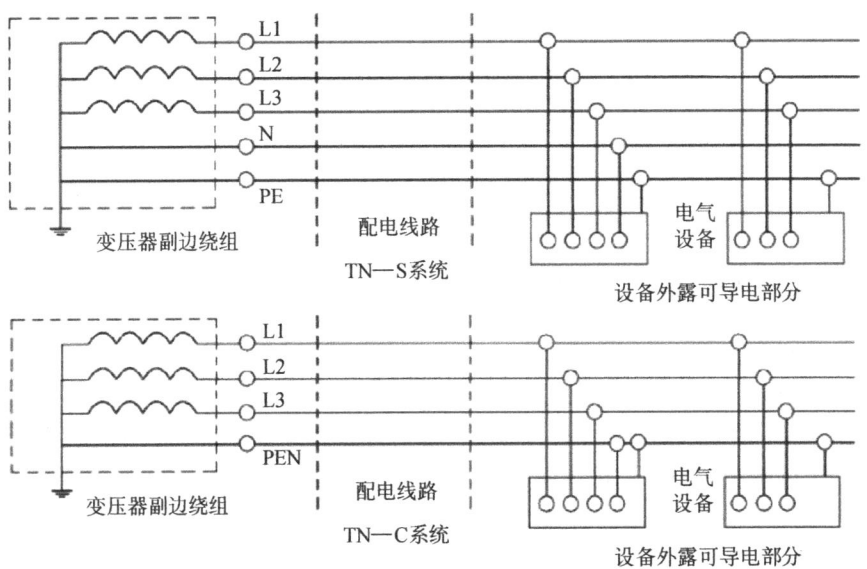

图 1-26 TN—S、TN—C 系统图

第一章 准备阶段

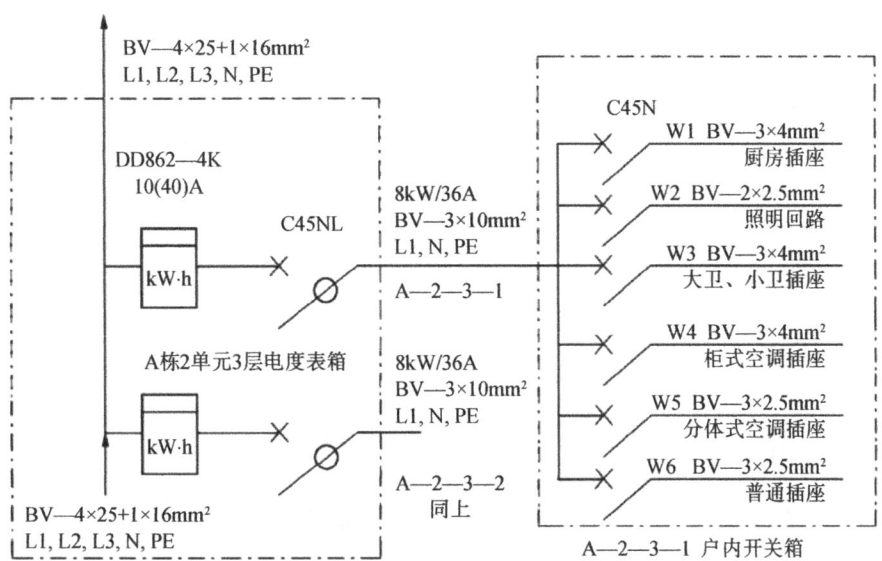

图 1-27 电气系统图

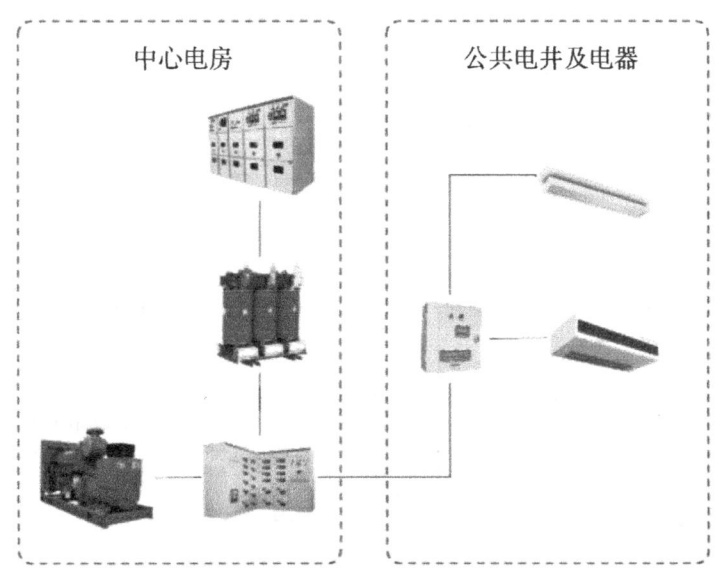

图 1-28 装配式构件图例——门

表 1-5　　　常用电气图例及含义

图例	名称	备注	图例	名称	备注
	常开触点	—		常闭触点	—
	隔离开关	—		负荷开关	—
	屏、台、箱柜一般符号	—		电源自动切换箱（屏）	—
	事故照明配电箱（屏）	—		多种电源箱（计量箱）	—
	自动开关箱	—		带熔断器的刀开关箱	—
	按钮一般符号	—		单极开关（暗装）	—
	带指示灯的按钮	—		单极开关	—
	双极开关	—		三极开关	—
	单极开关（密封防水）	—		隔离开关	—
	双绕组变压器	形式1 形式2		三绕组变压器	形式1 形式2
	电流互感器 脉冲变压器	形式1 形式2		接触器（在非动作位置触电断开）	—
	电压互感器	形式1 形式2		断路器	—
	动力或动力—照明配电箱	—		熔断器一般符号	—

续表

图例	名称	备注	图例	名称	备注
▬	照明配电箱（屏）	—	⊸⊷	熔断器式开关	—
⌒	室内分线盒	—	⊸⊷	熔断器式隔离开关	—
⌒	室外分线盒	—	⊸⊳⊶	避雷器	—
MDF	总配线架	—	IDF	中间配线架	—
⋈	壁龛交接箱	—	—	—	—

表1-6　　　　　标注安装方式的文字符号及含义

序号	名称	旧代号	新代号
1	用瓷或瓷柱敷设	CP	K
2	用塑料线敷设	XC	PR
3	用钢线槽敷设	GC	SR
4	穿焊接钢管敷设	G	SC
5	穿电线管敷设	DG	TC
6	穿聚氯乙烯管敷设	VG	PC
7	用电缆桥架敷设	—	CT
8	用瓷夹敷设	CJ	PL
9	用塑料夹敷设	VJ	PCL
10	穿蛇皮管敷设	SPG	CP

（二）给排水安装工程施工图

给排水安装工程施工图包括相关图例（见图1-29、表1-7～表1-9）、给水系统图（见图1-30）、排水系统图（见图1-31）、系统与平面对应图（见图1-32）等。

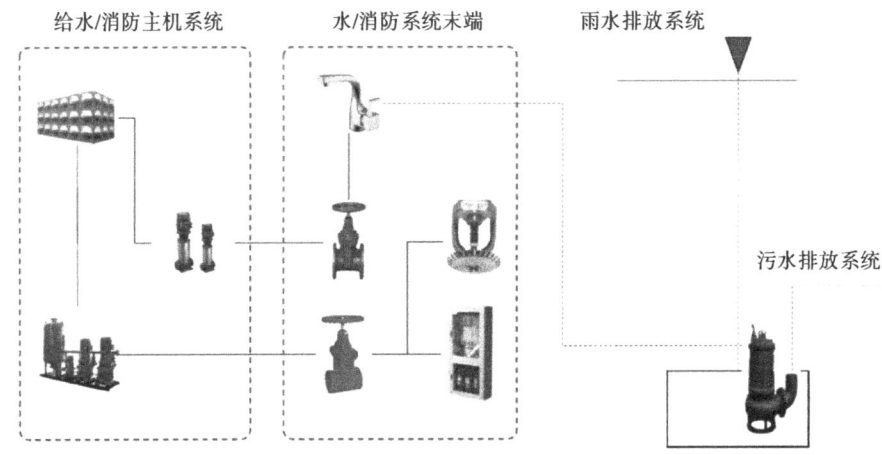

图1-29 常用图例

表1-7　　　　　　　　　　工艺管道施工图常用图例

名称	图例	名称	图例
闸阀		异径管	
压力调节阀		偏心异径管	
升降式止回阀		堵板	
旋启式止回阀		法兰	
减压阀		法兰连接	
电动闸阀		丝堵	
滚动闸阀		入口	RK

表1-8　　　　　　　　　　通风空调工程常用图例

名称	图例	名称	图例
带导流叶片弯头		消声弯头	
伞形风帽		送风口	

续表

名称	图例	名称	图例
回风口		圆形散流器	
方形散流器		插板阀	
蝶阀		对开式多叶调节阀	
光圈式启动调节阀		风管止回阀	
防火阀		三通调节阀	

表1-9　　　　　　　　给排水、采暖常用图例

名称	图例	名称	图例
闸阀		化验盆 洗涤盆	
截止阀		污水池	
延时自闭冲洗阀		带沥水板洗涤盆	
减压阀		盥洗盆	
球阀		妇女卫生盆	
止回阀		立式小便器	
消音止回阀		挂式小便器	
蝶阀		蹲式大便器	
柔性防水套管		坐式大便器	
检查口		小便槽	

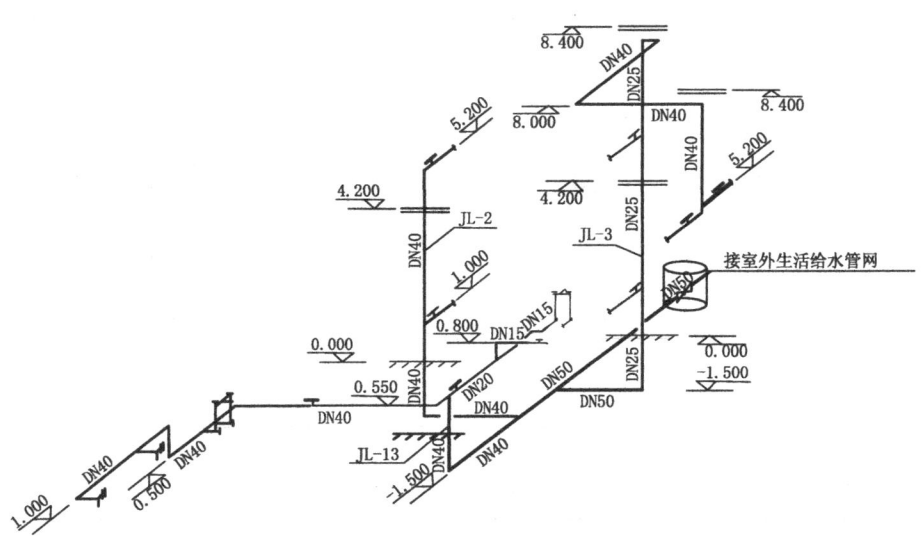

图1-30 给水系统图（图中尺寸单位除特殊说明外均为mm）

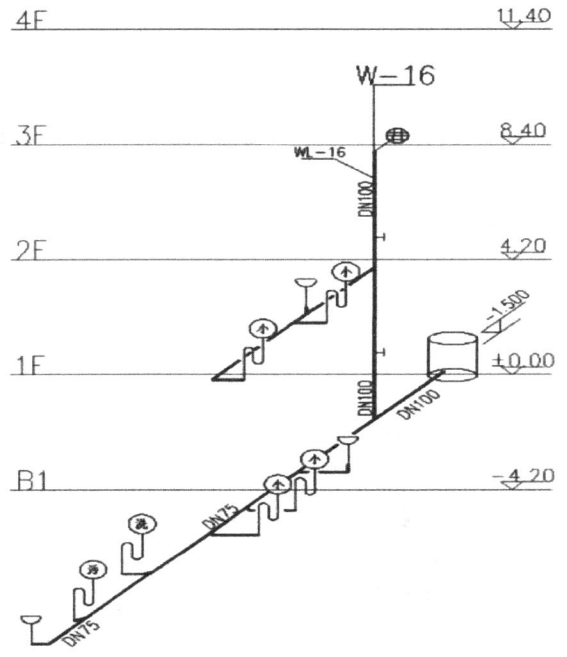

图1-31 排水系统图（单位：mm）

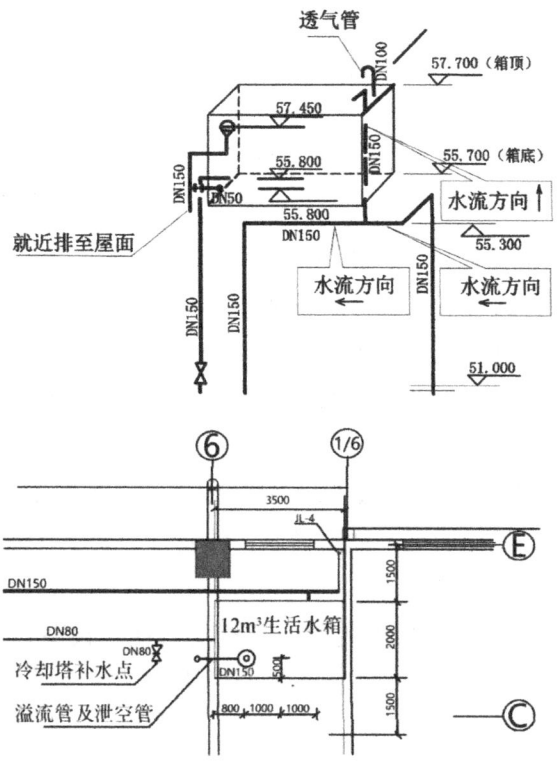

图1-32 系统与平面对应图（图中尺寸单位除特殊说明外均为mm）

第四节
工具与设备

一、预埋件、预埋管道及预埋螺栓安装与拆除机具

预埋工程安装与拆除机具包括套丝机、电焊机、电锤、电钻、切割机、砂轮机、弯管机、红外线就位仪等；预埋工程安装与拆除

工具包括套丝板、管钳、手锯、手锤、活动扳手等；预埋工程所需测量就位仪器包括水平尺、线坠、墨斗、小线、钢卷尺、角尺等。

二、预埋工程常用机具的维护及保养

（1）清洁设备，做到内外整洁，保证各滑动面、丝杠、齿条、齿轮箱、油孔等处无油污，各部位不漏油、不漏气，设备周围的切屑、杂物、脏物要清扫干净；

（2）工具、附件、工件（产品）要放置整齐，管道、线路要有条理；

（3）保证润滑良好，按时加油或换油，不断油，无干摩现象，油压正常，油标明亮，油路畅通，油质符合要求，油枪、油杯、油毡清洁；

（4）遵守安全操作规程，不超负荷使用设备，设备的安全防护装置齐全可靠，及时消除不安全因素。

三、预埋作业安全防护工具

安全防护用具包括安全帽、安全带、安全网、安全绳、绝缘鞋、绝缘手套、电工工具、防护镜等个人防护用具。

常见的劳动防护用具使用规范具体有以下方面。

（一）安全帽

正确佩戴安全帽要注意：

一是帽衬和帽壳不能紧贴，要有一定间隙，顶部间隙为 20~50mm，四周为 5~20mm，当有东西落到安全帽壳上时，帽衬可起到缓冲作用，保护头部和颈椎，不能将帽衬摘下使用；

二是必须系紧帽带，防止物体多次打击而致使事故；

三现场必须正确配带安全帽（见图 1-33），安全帽要戴正，帽带要系结实，防止因其歪带或松动而降低抗冲击能力。在交叉作业时必须相互配合，注意安全。

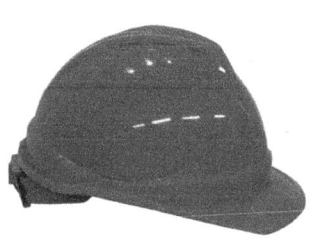

图 1-33 安全帽佩戴图

（二）安全带

使用前应注意检查安全带的使用年限。高处作业人员，在无可靠安全防护措施时，必须系好安全带，先挂牢再作业，应当高挂低用。不准将绳打结使用，也不准将挂钩直接挂在安全绳上使用，应挂在连接环上使用。

安全带应在腰部系紧，挂钩应扣在不低于作业者所处水平位置的固定牢靠处。安全带佩戴方法见图 1-34。

（三）防护服

进入施工现场前必须根据所在岗位穿戴合适的防护服（见图 1-35），常见的防护服有普通工作服和特殊防护服，普通防护服主要用于非高温、重体力等工种。

施工现场电焊、气割等特种作业必须穿耐高温的阻燃防护服；在油漆涂刷、喷漆作业时，应穿防静电工作服。

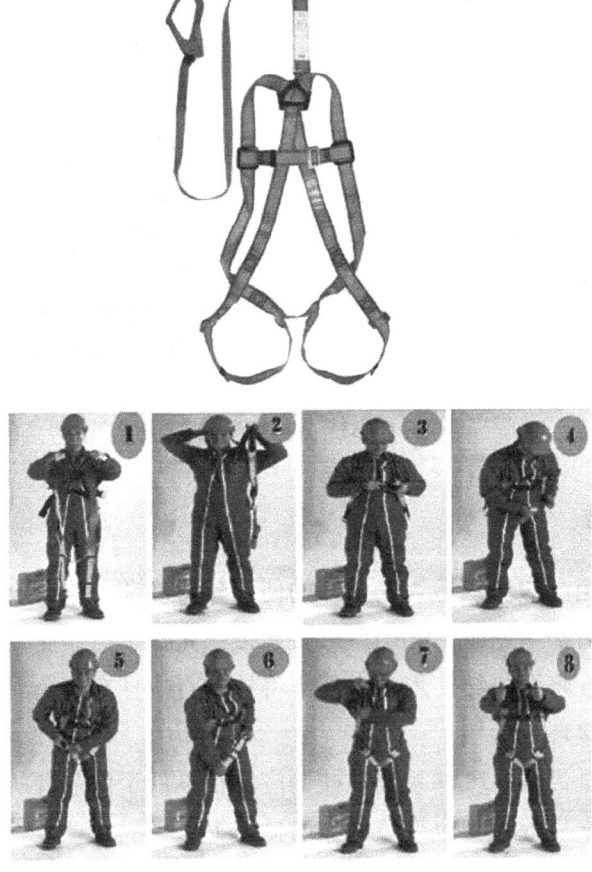

图 1-34　安全带佩戴图

图 1-35　防护服图

(四) 其他防护用品

凡直接从事带电作业的，必须穿绝缘鞋、戴绝缘手套防止发生触电事故。

从事电气焊作业的电气焊工人，必须佩戴电气焊手套、穿绝缘鞋和使用护目镜及防护面罩，电焊作业会产生弧光，戴上防护面罩和防护长筒手套可以防止受伤。具体情况见图1-36。

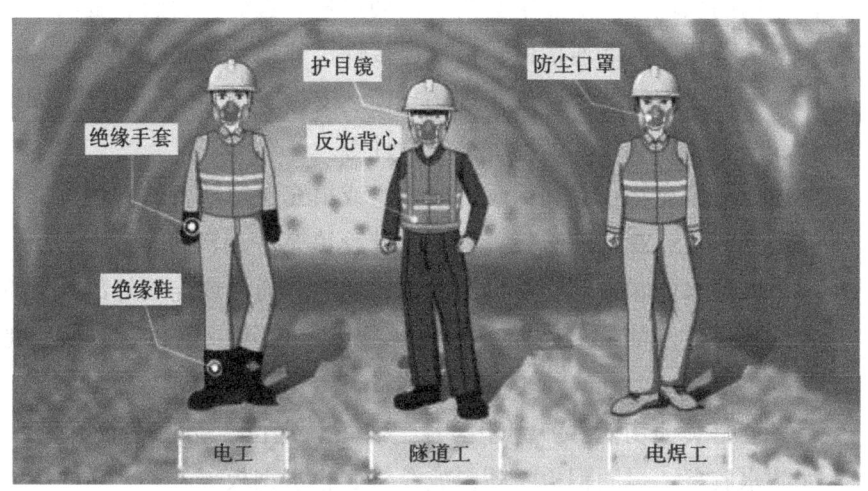

图1-36　其他防护用品佩戴图

第五节
材料

一、预埋件、管的定义

预埋件、管是指预先安装在预制构件中的，起到保温、减重、吊装、连接、定位、锚固、通水通电通气、互动、便于作业、防雷防水、装饰等作用的构件。预埋件大多由金属制造，例如钢筋、铸铁，也可用塑料等非金属材料。

二、常见的预埋件分类及作用

一是结构连接件：连接构件与构件（钢筋与钢筋），或起到锚固作用的预埋件。如灌浆套筒、钢筋锚板、直螺纹套筒、金属波纹管、哈芬槽、内墙连接件、板板连接件、外挂连接螺纹杆等。

二是支模吊装件：便于现场支模、支撑、吊装的预埋件。如锚栓套筒、塑料胀管、吊钉、提升管件等。

三是填充物：起到保暖、减重，或填充预留缺口的预埋件。如挤塑泡沫板、膨化泡沫板、硅胶及硅胶填充件、岩棉等。

四是水电暖通等功能件：通水、通电、通气或连接外部互动部件的预埋件。如线管、给排水管、线盒、电箱及附件、套管、地漏等。

五是其他功能件：利于防水、防雷、定位、安装等的预埋件。如防水胶条、锚固钢板、塑料波纹管、止水钢板等。

三、常见的预埋件介绍

（一）结构连接件

1. 灌浆套筒

灌浆套筒又称灌浆套筒接头或套筒灌浆接头。灌浆套筒连接技术适用于钢筋混凝土结构工程、钢结构工程、桥梁工程、海上石油开采平台工程、近海风力发电塔等领域。灌浆套筒连接技术是一种由于工程实践的需要和技术发展而产生的新型钢结构连接方式，该种连接方式的出现弥补了传统的钢结构连接方式（主要包括焊接和螺栓连接）的不足，并得到了迅速的发展和应用。套筒灌浆接头具有性能可靠、适用性广、安装简便等优点。

灌浆套筒是由专门加工的套筒、配套灌浆料和钢筋组装的组合体，在连接钢筋时通过注入快硬无收缩灌浆料，依靠材料之间的黏结咬合作用连接钢筋与套筒。套筒灌浆接头所使用的套筒一般由球墨铸铁或优质碳素结构钢铸造而成，其形状大多为圆柱形或纺锤形。灌浆料是一种以水泥为基本材料，配以适当的细骨料以及少量的混凝土外加剂和其他材料组成的干混料，加水搅拌后具有大流动度、早强、高强、微膨胀等性能。

钢筋套筒灌浆连接技术是形成各种装配整体式混凝土结构的重要基础，也是《装配式混凝土结构技术规程》JGJ 1—2014 中推荐的主要的接头连接方式。

发达国家在钢筋套筒灌浆连接技术方面已经积累了很多成熟的经验，日本200多米的超高层装配式混凝土建筑北浜大厦采用的就是钢筋套筒灌浆连接，经受住了大地震的考验，是可靠的连接方式。

灌浆套筒构造包括筒壁、剪力槽、灌浆口、出浆口及钢筋限位挡块等。碳素结构钢、合金结构钢和球墨铸铁都是用于制造灌浆套筒的材质。一般来说，采用机械加工工艺制造灌浆套筒时使用的材质为碳素结构钢和合金结构钢，而采用铸造工艺制造灌浆套筒时使用的材质为球墨铸铁。目前在我国这三种材质的灌浆套筒都有应用。球墨铸铁和各类钢灌浆套筒的材料性能应满足《钢筋连接用灌浆套筒》JG/T 398—2012 的规定，具体数值见表 1-10 和表 1-11。

表 1-10　　　　　　　　球墨铸铁灌浆套筒的材料性能

项目	性能指标
抗拉强度 σ_b/MPa	≥550
断后伸长率 δ_s（%）	≥5
球化率（%）	≥85
硬度/HBW	180～250

表1-11 各类钢灌浆套筒的材料性能

项目	性能指标
屈服强度 σ_s/MPa	≥355
抗拉强度 σ_b/MPa	≥600
断后伸长率 δ_s (%)	≥16

灌浆套筒根据结构型式和加工方式的特点进行分类,见表1-12。灌浆套筒示意图见图1-37~图1-41。

表1-12 灌浆套筒的分类

分类方式	名称	
结构型式	全灌浆套筒	整体式全灌浆套筒
		分体式全灌浆套筒
	半灌浆套筒	整体式半灌浆套筒
		分体式半灌浆套筒
加工方式	铸造成型	—
	机械加工成型	切削加工
		压力加工(如滚压工艺)

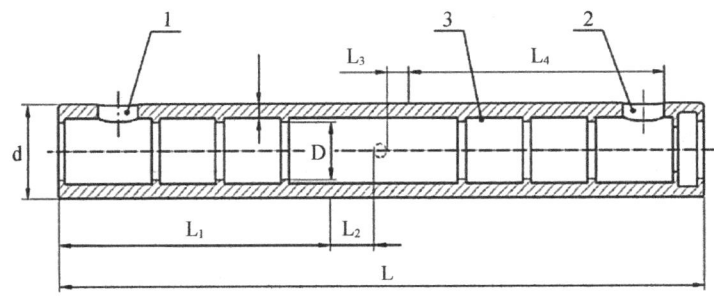

图1-37 整体式全灌装套筒

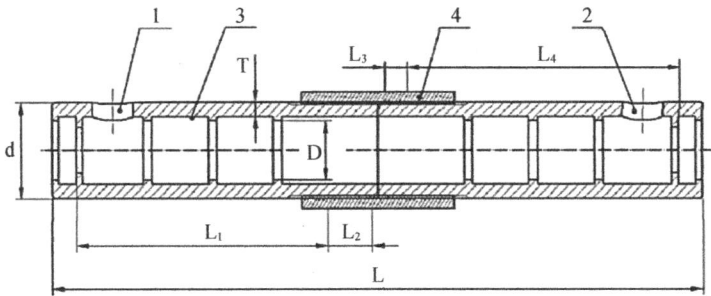

图1-38 分体式全灌装套筒

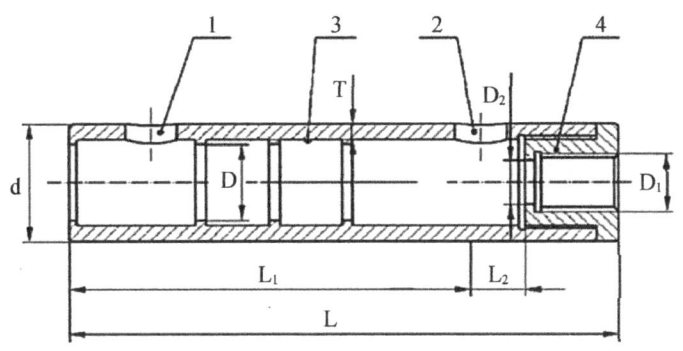

图1-39 分体式半灌装套筒

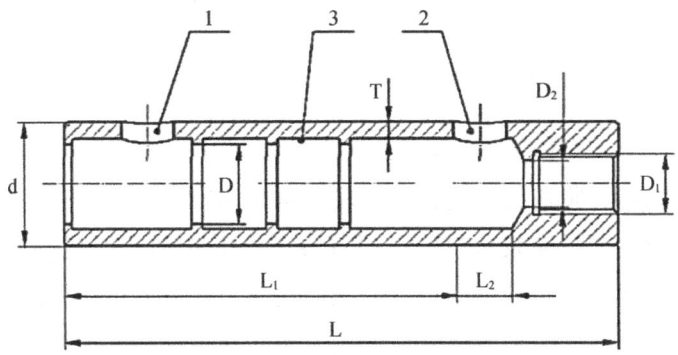

图1-40 整体式半灌浆套筒

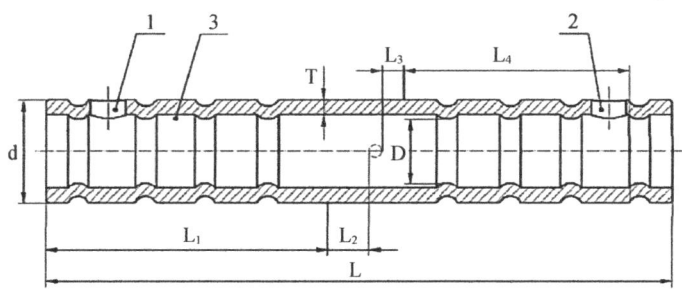

图1-41 滚压型全灌装套筒

说明：1：灌浆孔；2：排浆孔；3：剪力槽；4：连接套筒；d：灌浆套筒外径；L：灌浆套筒总长；D：灌浆套筒最小内径；D_1：灌浆套筒机械连接端螺纹的公称直径；D_2：灌浆套筒螺纹端与灌浆端连接处的通孔直径；L_1：注浆端锚固长度；L_2：装配端预留钢筋安装调整长度；L_3：预制端预留钢筋安装调整长度；L_4：排浆端锚固长度；T：灌浆套筒名义壁厚。

注：①D不包括灌浆孔、排浆孔外侧因导向、定位等比锚固段环形凸起内径偏小的尺寸。

②D可为非等截面。

③图1-37和图1-41，中间虚线部分为竖向全灌装套筒设计的中部限位挡片或挡杆。

④当灌浆套筒为竖向连接套筒时，套筒注浆端锚固长度L_1为从套筒端面至挡销圆柱面深度减去调整长度20mm；当灌浆套筒为水平连接套筒时，套筒注浆端锚固长度L_1为密封圈内侧端面位置至挡销圆柱面深度减去调整长度20mm。

全灌浆套筒是两端均采用灌浆连接方式的套筒，半灌浆套筒是一端采用灌浆连接方式，另一端通常采用螺纹连接方式的套筒。全灌浆套筒和半灌浆套筒的选用可参考以下原则：预制剪力墙构件、预制框架柱等竖向结构构件的纵筋连接，既可以选用全灌浆套筒连接，也可以选用半灌浆套筒连接，相同直径规格的全灌浆套筒与半灌浆套筒相比，全灌浆套筒的灌浆料使用量要更多；水平预制梁的梁梁钢筋连接如果采用套筒灌浆连接，应采用全灌浆套筒连接。套筒先套在一根钢筋上，与另一根钢筋对接就位后，套筒移到两根连接钢筋中间进行灌浆连接，注意保证钢筋两端伸入均应达到锚固长度的要求。水平预制梁的梁梁钢筋连接在设计时，在现浇连接区应留有足够的套筒滑移空间，至少确保套筒能够滑移到与一侧的出筋长度齐平，以避免安装时发生碰撞。施工安装时应控制两根连接钢筋的轴线偏差不大于5mm。

灌浆套筒型号的组成包括名称代号、分类代号、钢筋强度级别主参数代号、加工方式分类代号、钢筋直径主参数代号、特征代号和更新及变型代号。灌浆套筒主参数应为被连接钢筋的强度级别和公称直径。灌浆套筒名称代号用"GT"表示；分类代号中"Q"表示全灌浆套筒，"G"表示直接滚轧直螺纹半灌浆套筒，"B"表示剥肋滚轧直螺纹半灌浆套筒，"D"表示镦粗直螺纹半灌浆套筒；钢筋强度级别主参数代号中"4"表示400MPa及以下级，"5"表示500MPa级；加工方式分类代号中"Z"表示铸造灌浆套筒，"J"表示机械加工灌浆套筒；钢筋直径主参数代号中用"××/××"表示，前面的"××"表示灌浆端钢筋直径，后面的"××"表示非灌浆端钢筋直径，全灌浆套筒及非变径半灌浆套筒后面的"/××"省略；特征代号中无标注表示整体式结构，"F"表示分体式结构；更新及变型代号用大写英文字母顺序表示，A、B、C……例如连接标准屈服强度为400MPa、钢筋直径为40mm、采用铸造加工的整体式全灌浆套筒表示为GTQ4Z—40。

2. 钢筋锚固板

（1）我国钢筋锚固技术近年来经历了三个重要阶段：

第一阶段：钢筋锚固用弯钩、镦头、贴焊锚筋、焊锚板四种形式，采用的为1988年中国建筑科学研究院的试验研究成果，后被《混凝土结构设计规范》GB 50010—2002采用。

第二阶段：钢筋采用钢筋锚固板锚固，采用的为中国建筑科学研究院近年来的的试验研究成果，《混凝土结构设计规范》GB 50010—2010采用了该技术。

第三阶段：行业标准《锚固板钢筋应用技术规程》JGJ 256—2011，规程审查会认为该标准符合我国国情，能够有效地促进该项技术稳步发展。会议一致认为，该规程达到国际水平。作为我国首部钢筋机械锚固的专门工程技术标准，它在我国行业标准中引入了全锚固板和部分锚固板的概念，并按锚固板的材料、使用功能、连接方式等对锚固板进行了分类，有利于更为科学、合理地使用钢筋锚固板，有利于钢筋锚固板特别是螺纹连接锚固板技术的推广及应用。与当前国内外同类研究及技术综合比较，它领先于国际同类标准。

钢筋锚板是一种新型钢筋机锚固技术术材料，主要由铸铁、铸钢、45#钢 CABR 组成。钢筋锚固板是一种圆形承压板与六角螺帽合二为一的锚固板（见图 1-42），通过直螺纹连接方式与钢筋端部相连而成，在保证钢筋机械锚固性能的基础上，优化钢筋锚固条件，减少钢筋锚固长度，节约锚固用钢材，方便施工提高混凝土浇筑质量。

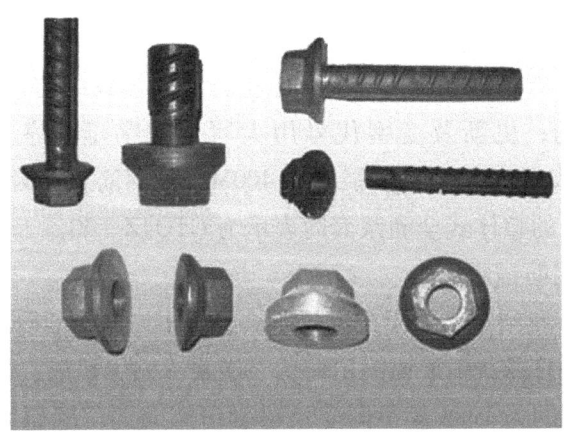

图 1-42　钢筋锚板

(2) 钢筋机械锚固板技术：

①主要技术内容：钢筋的锚固板是混凝土结构工程中的一项基本技术，钢筋机械锚固技术为混凝土结构中的钢筋锚固提供了一种全新的机械锚固方法，将螺帽与垫板合二为一的锚固板通过直螺纹

连接方式与钢筋端部相连形成钢筋机械锚固装置。其作用机理为：钢筋的锚固力由钢筋与混凝土之间的粘结力和锚固板的局部承压力共同承担或全部由锚固板承担。

②技术指标：该技术相比传统的钢筋机械锚固技术，在混凝土结构中应用钢筋锚固板，可减少钢筋锚固长度40%以上，节约锚固钢筋40%以上；在框架节点中应用钢筋锚固板，可节约锚固用钢材60%以上，锚固板与钢筋端部通过螺纹连接，安装快捷，质量及性能易于保证；锚固板具有锚固刚度大、锚固性能好、方便施工等优点，有利于商品化供应；几种新型的混凝土框架顶层端节点与中间层端节点钢筋机械锚固的构造形式，可大大简化钢筋工程的现场施工，避免了钢筋密集拥堵、绑扎困难的问题，并可改善节点受力性能和提高混凝土建筑质量。

③适用范围：该技术适用于混凝土结构中热轧带肋钢筋的机械锚固，主要适用范围有：用钢筋锚固板代替传统弯筋，可用于框架结构梁柱节点；代替传统弯筋和箍筋，用于简支梁支座；用于桥梁、水工结构、地铁、隧道、核电站等混凝土结构工程的钢筋锚固；用作钢筋锚杆（或拉杆）的紧固件等。

④已应用的典型工程：钢筋机械锚固技术在核电站工程、水利水电、房屋建筑等领域中应用较为广泛，如浙江三门AP1000核电站、秦山核电期扩建、方家山核电站等，以及深圳万科第五园工程、怀来建设局综合楼等。

3. 直螺纹套筒

直螺纹套筒（见图1-43）是传递钢筋轴向拉力或压力的钢筋机械接头用的钢套管。直螺纹套筒分为直接滚轧直螺纹套筒、剥肋滚轧直螺纹套筒和镦粗直螺纹套筒。

图1-43 直螺纹套筒

直螺纹套筒的连接方法就是将待连接钢筋端部的纵肋和横肋用滚丝机采用切削的方法剥掉一部分,然后直接滚轧成普通直螺纹,用特制的直螺纹套筒连接起来,形成钢筋的连接。钢筋剥肋滚压直螺纹连接技术属国内外首创技术发明,达到国际先进水平;剥肋滚压直螺纹连接技术高效、便捷、快速的施工方法和节能降耗、提高效益、连接质量稳定可靠等优点得到了广大施工单位和业主的青睐,是直螺纹连接技术的一种新型产品。

按钢筋规格划分产品规格见表1-13。

表1-13　　　　　　　钢筋规格划分产品规格　　　　　　　单位:mm

项目	要求											
钢筋公称直径	12	14	16	18	20	22	25	28	32	36	40	50
套筒规格	12	14	16	18	20	22	25	28	32	36	40	50

按直螺纹套筒的基本使用条件,常用套筒型号分为标准型、异径型、正反丝扣型、扩口型异径正反丝扣型、加锁母型几种,特殊型号套筒应符合相关设计要求。按基本使用条件分类,具体情况见表1-14。

表1-14　　　　　　　　直螺纹套筒基本使用条件

序号	使用要求	套筒形式	代号
1	正常情况下钢筋连接	标准型	B
2	用于两端钢筋均不能转动的场合	正反丝扣型	Z
3	用于不同直径的钢筋连接	异径型	Y
4	用于两端钢筋为异径并不能转动的场合	异径正反丝扣型	YZ
5	用于较难对中的钢筋连接	扩口型	K
6	钢筋完全不能转动，通过转动连接套筒连接钢筋，用锁母锁紧套筒	加锁母型	S

从力学性能上看，直螺纹套筒的受拉极限承载力标准值不应小于被连接钢筋抗拉极限承载力的 1.10 倍。其受拉屈服承载力标准值不应小于被连接钢筋的受拉屈服承载力的标准值。

采用直螺纹套筒的优点：

（1）在建筑工程行业使用钢筋连接套筒可以大大减少材料的使用，而且操作简便，不受钢筋成份种类限制。可提前预制，不占工期，加工效率高。

（2）直螺纹套筒具有连接简单、便捷的特点，受天气影响较小。

（3）可连接横、竖、斜向的 HRB335、HRB400 同径或异径钢筋。

4. 金属波纹管

预应力金属波纹管又称金属波纹管、金属螺旋管、混凝土填充管、地脚螺栓用波纹管。金属螺旋管（见图1-44）采用优质钢带经轧波、卷管成形、咬口、切断等工序制成圆形和扁形波纹管。由于现在建筑上越来越多地采用预应力混凝土结构，而预应力波纹管是预应力混凝土结构所必须的。

在现代建筑中，金属波纹管已被英、法、美、日等发达国家广泛使用，它质轻壁薄、刚性强、不破碎、不漏浆，因管体外表有明显的凹凸双波，钢管接缝处为紧密的压花型，牢固不脱扣，现场浇注后与混凝土接触握裹力极强，与混凝土结成完整的一体，增强了结构的抗震性能。它功能优良，与一般的实心平板相比，它自重轻、跨度大、挠度小、无柱帽、安全性好、综合造价低，因而提高了建筑净空，增加使用及销售面积，与国内现有的普通梁板结构、实心无梁板、无粘结预应力混凝土楼板相比较，节省钢材5%～7%，节省混凝土量10%～30%，节省竖向水、电、空调、电梯、内外墙装饰费用5%～15%，并具有隔音、隔热的功效。

图1-44　金属波纹管

5. 哈芬槽

哈芬预埋件具有良好的可调节性，可节省大量的安装时间，确保快速施工，节省成本。槽内使用填充物能够防止混凝土进入槽内。任何组件都可应用哈芬槽钢进行固定，例如：桥梁和隧道（固定管道）；污水处理厂（溢流槛）；化工厂建筑（在强腐蚀的区域固定构件）；通风式砖石幕墙结构中，外墙的固定；所有保护层厚度得不到保障的钢筋混凝土构件。

（1）标准长度的哈芬槽产品识别：

哈芬槽钢的形状见图1-45，其中"①"是指槽钢背面、侧面，"②"是指填充物表面及槽钢侧面均有标示。

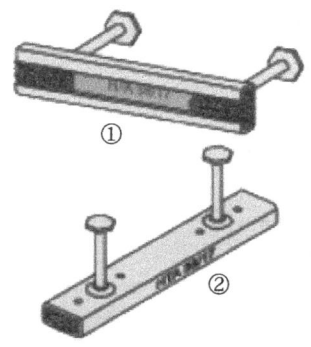

图1-45 哈芬槽钢

（2）现场切割哈芬槽钢：

现场切割哈芬槽钢见图1-46。

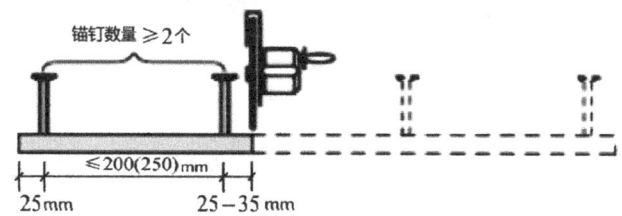

图1-46 现场切割哈芬槽钢（图中尺寸单位除特殊说明外均为mm）

（3）哈芬槽的固定：

①在木模板上的固定（见图1-47）：

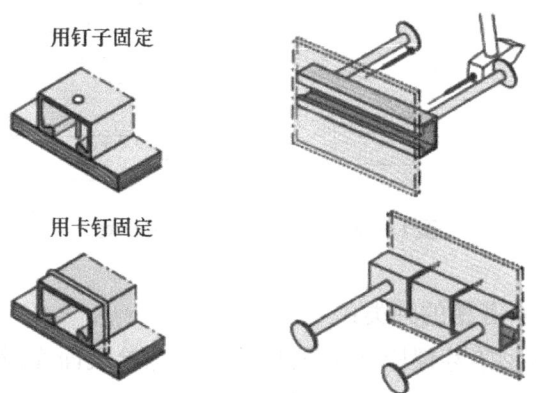

图1-47 哈芬槽在木模板上的固定

②在钢模板上的固定（见图1-48）：

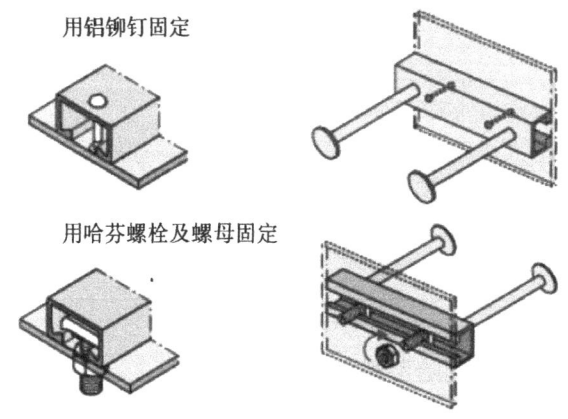

图1-48 哈芬槽在钢模板上的固定

③在钢筋上的固定（见图1-49）：

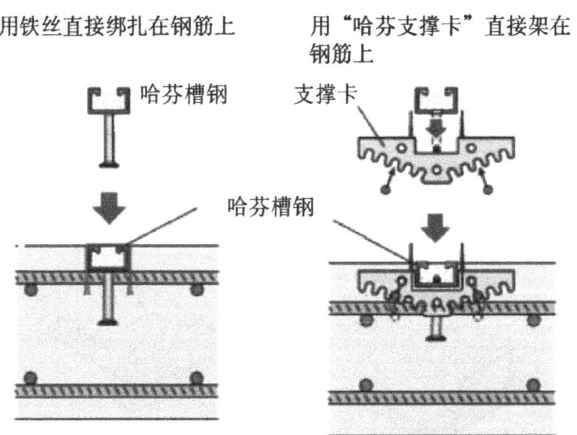

图1-49 哈芬槽在钢筋上的固定

（4）哈芬槽的种类：

①HS型哈芬螺栓（见图1-50）。螺栓表面光滑，适用于所有HTA哈芬槽钢，可以在2个方向受力。

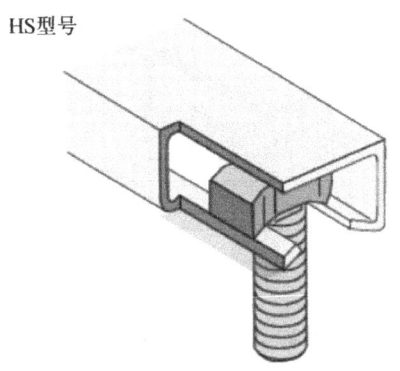

图 1-50 HS 型哈芬螺栓

②单齿哈芬螺栓（见图 1-51）。只适用于开热轧槽钢：HTA40/22、50/30、52/34、72/48；适用于普通碳钢：WB 和 FV；可以在所有方向上受力；根据产品鉴定，其可以在槽钢纵向受力。

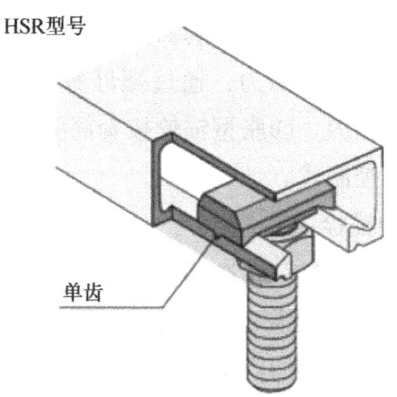

图 1-51 单齿哈芬螺栓

③多齿哈芬螺栓（见图 1-52）。由于齿牙的啮合，可以在槽钢纵向受力，滑移的危险被降到最低。带齿哈芬槽钢可以通过齿牙的啮合，在槽钢的纵向传递荷载，防止力点滑移。

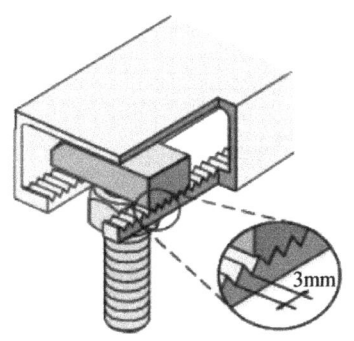

图 1-52 多齿哈芬螺栓

(二) 支模吊装件

1. 锚栓套筒

建筑锚栓按其工作原理及构造分为以下四类：

(1) 膨胀型锚栓（简称膨胀锚栓）：

膨胀锚栓是利用膨胀锥与套筒的相对位移，促使套筒膨胀，与混凝土孔壁产生膨胀挤压力，通过螺母剪切摩擦作用产生抗拔力，实现对固定件的锚固。膨胀型锚栓按套筒膨胀方式的不同分为：扭矩控制式、位移控制式。

(2) 扩孔型锚栓：

扩孔型锚栓是通过钻孔底部混凝土的扩孔，利用扩孔后形成的混凝土斜面与锚栓膨胀锥之间的机械互锁，实现对结构固定件的锚固。扩孔型锚栓锚固力的产生主要是膨胀锥与混凝土锥孔间的直接压力，而不单是间接膨胀摩擦力，因此，膨胀挤压力较小。扩孔型锚栓按扩孔方式的不同分为：

①预扩孔普通锚栓：用专用钻具预先扩孔。

②自扩孔专用锚栓：锚栓自带刀具，安装时自行扩孔，扩孔安装一次完成。

(3) 粘结型锚栓：

粘结型锚栓是通过特制的化学粘结剂（锚固胶），将螺杆及内螺纹管胶结固定于混凝土基材钻孔中，通过粘结剂与锚栓及粘结剂与混凝土孔壁间的粘结与锁键作用，实现对固定件的锚固。

(4) 化学植筋：

化学植筋是通过化学粘结剂（锚固胶）将带肋钢筋胶结固定于混凝土基材钻孔中，通过粘结与锁键作用，实现带肋钢筋的锚固。

在性能要求上，建筑锚栓的材质分为碳素钢、不锈钢或合金钢，均应符合国家相关标准。锚栓防腐要求应根据环境条件及耐久性要求按规定选用相应的品种。锚栓的锚固性能必须可靠，各项指标应符合《混凝土用膨胀型、扩孔型建筑锚栓》JG 160—2004 产品标准及产品技术论证许可证书的规定。

化学植筋的钢筋采用 HRB335 级和 HRB400 级热轧带肋钢筋；螺杆采用 Q235 级钢和 Q345 级钢。

化学植筋及粘结锚栓所用锚固胶的锚固性能应通过专门的试验确定，并应符合《混凝土结构后锚固技术规程》JGJ 145—2004 和锚固胶的产品说明书的规定。锚固胶按使用形态的不同分为管装式、机械注入式和现场配制式，应根据使用对象的特征和现场条件合理选用。

锚栓套筒见图 1-53。

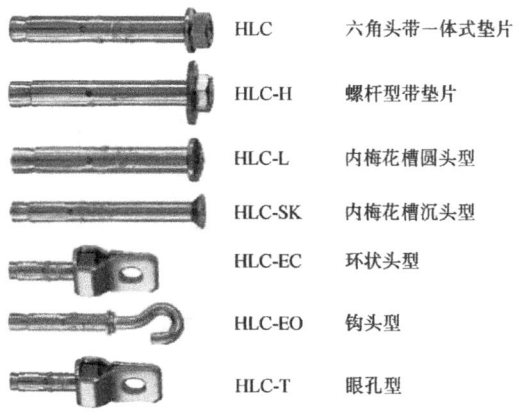

图 1-53 锚栓套筒

2. 塑料胀管

塑料胀管指的是一种塑料紧固件,用于膨胀螺丝的入墙部分。塑料胀管又称为入墙膨胀胶粒,特性是回弹性好、拉力大、耐冲击、不破裂、硬度强、不生锈、弹力大,采用PP、PA、PE材质注塑成。款式有鱼式入墙膨胀胶粒、直通膨胀胶粒等,配套粗牙自攻型螺丝使用。

塑料胀管适用于产品固定于混凝土实心或空心墙、石膏板、致密的天然石材、底板、支承板、托架、栏杆、窗、门、幕墙、机器、大梁、桁条、支架、楼梯、外墙装饰及电器配套等。

塑料胀管简称膨胀管,而膨胀管的叫法有两种产品:一种是石油膨胀管,另一种是塑料紧固件。这里所指的是塑料紧固件类的膨胀管,用于紧固连接物件,配套自攻螺丝使用(见图1-54)。塑料胀管简单说就是用冲击钻在墙体或者固定处钻出能塞下胀管的眼儿,把胀管塞到里面,然后准备挂或者固定上东西,把塑料胀管上佩带的螺丝旋紧就可以了。用同型号的冲击钻头在墙上钻孔,深度和墙塞近似,然后将墙塞打入钻的孔,最后用自攻螺丝固定需要固定的设备。

图1-54 塑料胀管

安装要求:

(1)塑料膨胀管紧固需要配合螺丝钉来完成,不能使用快牙自攻螺丝,因易切入膨胀管本体,甚至会将膨胀管切断,未能达到最佳膨胀的效果。

（2）使用时，须先用冲击电钻（锤）在固定体上钻出相应尺度的孔，再把螺栓、胀管装入孔中，旋紧螺母即可使螺栓、胀管、装置件与固定体之间胀紧变成一体。

（3）吊扇、吊灯类较重的物品不能使用塑料胀管，因为时间久了塑料制品会老化，可能导致后期跌落伤人。

（4）钻孔不能过浅，胀管在里面不能完全张开，也不能过大，这都会影响膨胀螺栓在内部的结实程度。

3. 吊钉

（1）吊环螺钉：

吊环螺钉作为一种标准紧固件，在机电产品中的应用非常广泛，其主要作用是起吊载荷（见表1-15）。

表1-15　　　　GB 825标准吊环螺钉工作载荷极限

规格	单只垂直起吊	单只侧向起吊
	工作载荷极限（T）	工作载荷极限（T）
M8	0.16	0.04
M10	0.25	0.06
M12	0.4	0.1
M16	0.63	0.16
M20	1	0.25
M24	1.6	0.4
M30	2.5	0.62
M36	4	1
M42	6.3	1.6
M48	8	2
M56	10	2.5
M64	18	4
M72	20	5
M80	25	6.25
M100	40	10

GB 825—88 对吊环螺钉的结构型形式和尺寸、技术要求、起吊重量及使用条件等均有详细规定。因此，除了标准件厂以外，其他厂家主要是选型使用。选择吊环螺钉的原则是：首先保证作业安全，其次考虑连接尺寸等因素，做到安全、经济、美观。

①吊环螺钉：标记按 GB 1237 规定。

标记示例：规格为 M20，材料为 20 钢，经正火处理、不经表面处理的 A 型吊环螺钉的标记：螺钉 GB 825M20。

②技术要求：吊环螺钉应采用 20 或 25 钢（GB 699）制造。

吊环螺钉必须经整体锻造。锻件应进行正火处理，并清除氧化皮。成品的晶粒度不应低于 5 级（GB6394），锻件不应有过烧、裂纹缺陷。

③表面处理：吊环螺钉一般不进行表面处理，但根据使用要求，可进行镀锌钝化、镀铬等表面处理，并按 GB 5267—85 规定。电镀锌后应立即进行去氢处理。

（2）圆头吊钉：

锻制圆头吊钉，符合各国制定的用于预制混凝土组件的吊钉系统及有关的吊运安全条例，是保证混凝土预制件在生产和运输过程安全的重要保障。圆形吊钉具有生产使用方便、工人操作时间短的优势。

①工作原理：圆头吊钉通过圆脚把载荷转移到混凝土，从而用相对较短的吊钉也能获得较高的允许载荷。即使用在薄墙中，载荷也能有效传递到混凝土与钢筋上。由于吊钉的圆脚轴对称形状，不像其他类型的预埋吊钉/螺栓，因此放置吊钉时不需要有特殊的定位。

理论上说，越长的吊钉因为可以建立较大的混凝土载荷圆锥体，因此也能承受较大载荷。吊钉应用中的失效分析就是根据此载荷圆锥体的强度作出的（见图 1-55）。

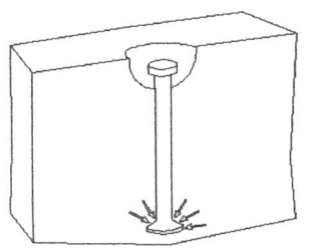 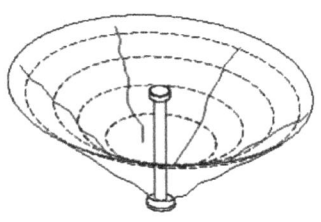

图1-55 圆头吊钉

②安全系数：圆头吊钉的材料安全系数为3，混凝土失效安全系数为2.5。万向接头（专用吊具）的材料安全系数为5.0。

③应用安全：为了满足安全的要求、设计，施工与吊运要注意以下方面。

一是禁止对圆头吊钉进行改变和焊接，禁止将吊钉拆出重复使用；

二是同时要确认能满足现行的的建筑规范、规程与标准；

三是因吊运时，受力点会使预制件内应力分布改变，应根据设计的吊运状态进行受力计算，并考虑是否需要加固预制件，以免产品受损。

④吊钉系统的选用要点有两个：

一是圆头吊钉载荷的影响因素。吊钉的正确选择应根据作用于吊钉的载荷，依据以下因素而定（在计算时必须考虑到这些因素）：预制件的重量吊钉的数量与位置、用吊链时产生的展开角度、吊链/吊钉的对角提拉特性、动态力对模板的粘附力。

二是混凝土预制件的重量。正常情况下，可按24kN/m³的比重计算新制钢筋混凝土预制件的重量。如果是高密度钢筋混凝土预制件，按25kN/m³的比重算出的重量再加钢筋重量的70%即为预制件的重量。

⑤吊钉的数量与定位：吊链数量由所用的吊钉数量决定，如果多于3个吊点有可能产生静力不确定，因此需要适当的方法（例如用分配梁、滑轮等）确保所有支链的承重都相等。

在任何可能的情况下，应用多于1颗吊钉，吊钉应定位在使它们之间的连线与预制件重心相交的位置上（见图1-56）。如果因为特殊原因不能遵循这个原则，那么根据吊钉与重心的距离，侧拉力会增加而且会作用于各个吊钉上。

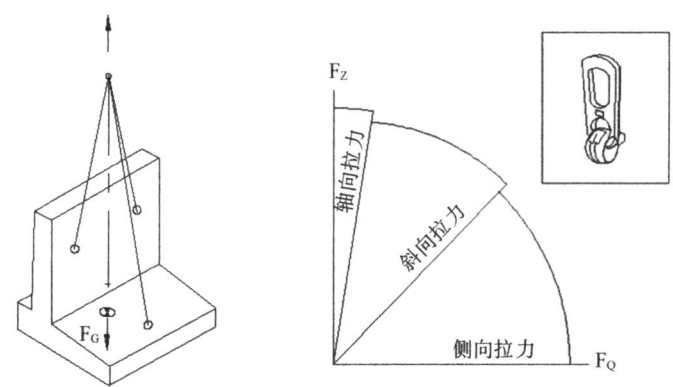

图1-56 吊钉的数量与定位

⑥拉力（载荷）方向主要有三种：

一是轴向拉力（axial tension）：即沿着吊钉的轴线受拉力。

二是斜向拉力（diagonal tension）：即轴向拉力产生倾斜，在吊钉圆头部产生此种应力。一般在设计时需要考虑加固，以抵消产生的侧力。

三是侧向拉力（lateral tension）：可能因为需要满足预制件的吊运需求，吊钉设计时安排要承受侧向拉力。此种情况，加固与吊运安全是需要很小心处理的。

⑦静力系统有两种：

静力不确定系统：若采用静力不确定的吊链，必须以2个吊钉来计算所能承受所有的载荷。

静力确定系统：若采用活动分配梁和对称的吊链，则4个吊钉承受相等载荷。补偿吊环可在任何时候保证载荷分配相等。

滑轮的使用也能确保吊链支链和吊钉的载荷相等，如吊立系统

(Tilt – up System)。

⑧展开角度：如果吊链在使用时形成一个力三角，那么对比较简单的垂直提拉来说，作用于吊钉（吊链载荷）的力就增加了，展开角增大，作用于吊钉的力就增加，在选择吊装吊钉时，这一因素根据展开角度 α 由系数 ω 修正。扩张角宜为 60°，应避免 90°以上的张角，严禁 120°以上的张角。

⑨动态力：动态力大小主要取决于起重机与载荷传递机构之间的联结。

钢丝绳或合成纤维缆绳具有减振效应，这种减振效应随缆绳长度的增加而增加。相反，缆绳长度较短则不利于减振。在不利于减振的条件下，作用于吊钉的力需考虑冲击系数 Ψ。

⑩模板的吸附阻力：当预制件第一次从模板里提拉出来时，所需要的拉力是实质混凝土重量的数倍。这是由于模板的吸力和粘附力或模板的摩擦力所产生的。在模板上使用合适的脱模剂可减少这些影响。

⑪吊钉的拉力：作用于吊钉的拉力 Z 通常是由以下方程序决定的。

从模板提拉：

$$Z = G \times \omega \times \xi / n$$

或为：

$$Z = (G + ha \times A) \omega / n$$

吊运时拉力则为 $Z = G \times \omega \times \Psi / n$ 其中的代号定义如下：
Z = 作用于吊钉的拉力（t）　　G = 预制物件重量（t）
ha = 粘附力（kN/m^2）　　A = 基面面积（m^2）
n = 承重吊钉的数量　　　　ω = 张角系数
Ψ = 冲击系数　　　　　　　ξ = 粘附系数

⑫斜向提拉：圆头吊钉和半球形凹座一起被放置在混凝土中，这样在对角提拉的过程中可通过万向连接头将水平方向的力直接传入混凝土中。

(三) 填充物

填充物是起到保暖、减重或填充预留缺口作用的预埋件，如挤塑聚苯乙烯泡沫板（XPS板）、聚苯乙烯泡沫板（EPS板）、硅胶及硅胶填充件、岩棉等。

1. 挤塑聚苯乙烯泡沫板

挤塑聚苯乙烯泡沫板简称挤塑板，又名XPS板（见图1-57）。挤塑聚苯乙烯泡沫板是经有特殊工艺连续挤出发泡成型的材料，其表面形成的硬膜均匀平整，内部完全闭孔发泡连续均匀，呈蜂窝状结构，因此具有高抗压、轻质、不吸水、不透气耐磨、不降解的特性。

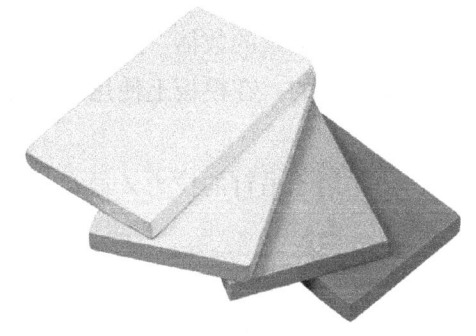

图1-57 挤塑聚苯乙烯泡沫板

与聚苯乙烯泡沫塑料板（EPS板）相比，其强度、保温、抗水汽渗透等性能有较大提高，在浸水条件下仍能完整地保持其保温性能和抗压强度，特别适合应用于建筑物的隔热、保温、防潮处理。

（1）隔热性能：

挤塑聚苯乙烯板的导热系数小于等于0.028W/（m·K），远远低于其他的保温材料 [工程上通常把导热系数小于0.25W/（m·K）的材料作为保温（绝热）材料]，因此具有高热阻、低线性膨胀率的特点。它普遍使用于屋面保温隔热系统、冷库、墙体内外的保温隔热，效果无与伦比。

（2）吸水性：

作为一种完美的保温隔热材料，吸水率为极其重要的技术指标，吸水率高会导致隔热性能变差，挤塑聚苯乙烯泡沫板具有完整的闭孔式结构，板的正反两面都没有缝隙，使漏水、冷凝和冰冻/解冻循环等情况产生的湿气无法渗透，因此能有效地阻止水分子的进入，即使在施工时遭到机械性破坏，挤塑聚苯乙烯泡沫板因紧密严紧的蜂窝结构也能有效地维持低吸水性的功能。因为能有效阻止水分子渗透加上无亲水性，所以挤塑聚苯乙烯泡沫板基本不发生老化现象。

（3）保温性能：

低导热系数是所有保温材料所要具备的条件，挤塑聚苯乙烯泡沫板是以聚苯乙烯（PS）为原料制成，是极佳的保温材料，以挤出方式生产，其紧密的闭孔蜂窝聚光镜能有效地阻止热传导。

（4）抗压性能：

挤塑聚苯乙烯泡沫板是一种轻质高强度板材，在密度不超过 $40kg/m^3$ 情况下抗压强度可高达 350kPa 以上。在建筑物中使用可以获得良好的抗冲击性能。

挤塑聚苯乙烯泡沫板即使浸泡在水中也能保持良好的抗压性能，这一特点在其他保温材料中是没有的。

（5）良好的阻燃：

根据不同建筑的防火要求，挤塑聚苯乙烯泡沫板完全可以满足工厂厂房、体育场馆、会展中心等对保温产品阻燃性能的要求。

（6）高品质的环保型产品：

挤塑聚苯乙烯泡沫板的化学性质稳定，没有有害物质的挥发，更不会发生分解或霉变，有良好的耐腐蚀性能。

（7）施工便利且成本低：

由于质轻，挤塑聚苯乙烯泡沫板搬运轻松，切割容易，无需电锯，固定简单，只需铁片、铁丝塑胶粘合剂式聚合物砂浆即可固定，故而可以使建筑施工的成本大大降低。

挤塑聚苯乙烯泡沫板广泛应用于干墙体保温、平面混凝土屋顶及钢结构屋顶的保温，低温储藏地面、低温地板辐射采暖管下、泊车平台、机场跑道、高速公路等领域的防潮保温，控制地面冻胀，是目前建筑业物美价廉、品质俱佳的隔热、防潮材料。具体来看：

一是具有优异、持久的隔热保温性。尽可能更低的导热系数是所有保温材料追求的目标。挤塑聚苯乙烯泡沫板主要以聚苯乙烯为原料制成，而聚苯乙烯原本就是极佳的低导热原料，再辅以挤塑押出，紧密的蜂窝结构就更为有效地阻止了热传导，聚能板导热系数为 $0.028W/(m·K)$，具有高热阻、低线性膨胀率的特性。导热系数远远低于其他保温材料，如可发性聚苯乙烯板、发泡聚氨酯、保温沙浆、珍珠岩等。

二是优越的抗水、防潮性。挤塑聚苯乙烯泡沫板具有紧密的闭孔结构，聚苯乙烯分子结构本身不吸水，板材的正反面都没有缝隙，吸水率极低，防潮和防渗透性能极佳。

三是防腐蚀、经久耐用性。一般的硬质发泡保温材料使用几年后易老化，随之导致吸水性能下降。而挤塑聚苯乙烯泡沫板因具有优异的防腐蚀性、防老化性、保温性，在高温水蒸气压力下，仍能保持其优异的性能，使用寿命可达 30~40 年。

2. 聚苯乙烯泡沫板

聚苯乙烯泡沫板（见图 1-58）又名泡沫板、EPS 板，是由含有挥发性液体发泡剂的可发性聚苯乙烯珠粒，经加热预发后在模具中加热成型的白色物体，其有微细闭孔的结构特点，主要用于建筑墙体，屋面保温，复合板保温，冷库、空调、车辆、船舶的保温隔热，地板采暖，装潢雕刻等，用途非常广泛。

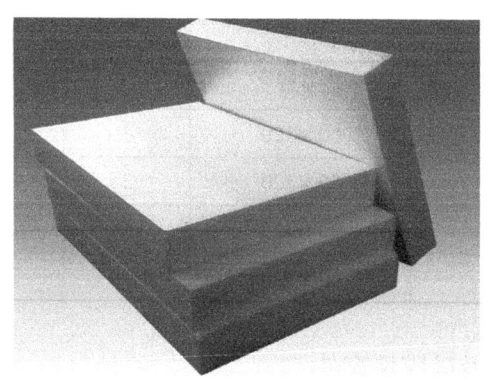

图 1-58 聚苯乙烯泡沫板

聚苯乙烯泡沫板的主要作用为:

一是对建筑物主体结构进行保护,延长建筑物寿命。由于外保温是将保温层置于结构外侧,降低了由于温度变化导致的结构变形产生的压力,并减少空气中有害物质和紫外线对结构的侵蚀。

二是有效消除"热桥"。以往采用内保温,"热桥"是难以避免的,而外墙保温有效地防止热桥的产生,避免结露。

三是使墙体潮湿情况得到改善,一般内保温需设隔汽层,而采用外保温,保温材料的透湿性能远远强于主体结构,在墙体内部一般不会发生冷凝现象,结构层的整个墙身温度提高了,进一步增强了墙体的保温性能。

四是有利于室温保持稳定,采用外墙外保温,由于墙体蓄热能力较大的结构层在墙体内侧,有利于室温保持稳定。

五是增加房屋使用面积。可以避免二次装修对保温层的破坏。

常用规格见表 1-16。

表 1-16   聚苯乙烯泡沫板常用规格

序号	密度(kg/m^3)	尺寸(长×宽)(cm)	厚度(cm)		
1	12	60×120	2	2.5	3.5
2	14	60×120	2	2.5	3.5

续表

序号	密度（kg/m³）	尺寸（长×宽）（cm）	厚度（cm）		
3	16	60×120	2	2.5	3.5
4	18	60×120	2	2.5	3.5
5	20	60×120	2	2.5	3.5
6	32	60×120	2	2.5	3.5

3. 硅胶及硅胶填充件

建筑硅胶是一种粒状多孔的二氧化硅水合物，由硅酸钠加酸后洗涤干燥制得，主要用作干燥剂以及柱色谱和薄层色谱中的吸附剂。虽名称为"胶"，它实际上是一种固体，外表呈透明或乳白色。

建筑硅胶主要用于屋面、地下室、卫生间及各种储水构筑物的防渗、存水、隔热等，具有无毒、无味、抗龟裂、抗老化、耐高温、耐低温、耐碱、无腐蚀性等特点。它适用于户外及现场施工、室内装潢及各种场合的修补以及做干燥剂。

4. 岩棉

岩棉（见图1-59）是优异的防火保温材料，也是国际上公认的"第五常规能源"中的主要节能材料。在建筑上每使用1吨岩棉制品进行保温，一年至少可节省相当于1吨石油的能量，符合低碳、节能、减排趋势，因而岩棉是一种理想的建筑保温材料。

图1-59 岩棉

岩棉可根据不同用途制成毡、条、管、粒状、板状等，具体用途见表1-17：

表1-17　　　　　　　　岩棉用途分类

用途分类	主要方式
工业用途	核电站、发电厂、化工厂、大型窑炉保温
建筑用途	建筑外墙外保温、屋面及幕墙保温、隔离带
船舶用途	船舱、船上卫生单元、船员休息室、动力仓
农业用途	蔬菜、瓜果、花卉的工厂化无土栽培

岩棉技术参数见表1-18。

表1-18　　　　　　　　岩棉技术参数

检验项目		标准要求	测定值
外观		表面平整，无伤痕、污迹、破损	表面平整，未见伤痕、污迹、破损
尺寸	长度（mm）	1200+15-3	1203
	宽度（mm）	600	600
	厚度（mm）	50+5-3	51
密度（kg/m^3）		—	180
渣球含量（%）（粒径大于0.25mm）		≤10	3.8
燃烧性能		A级	A级
纤维平均直径（μm）		≤7.0	4.3
导热系数［W/（m·K）］（平均温度25℃）		≤0.040	0.039
憎水率（%）		≥98.0	99.9
抗拉强度（kPa）		≥7.5	15.2
压缩强度（kPa）（10%变形）		≥40	77.6
酸度系数		≥1.8（真正的最优酸度系数）	2

(四) 水电暖通等功能件

水电暖通等功能件是通水、通电、通气或连接外部互动部件的预埋件。如穿线管，给排水管，分线盒、电箱及附件，地漏，套管等。

1. 穿线管

穿线管全称"建筑用绝缘电工套管"，是防腐蚀、防漏电、穿电线用的管子。它分为塑料穿线管、不锈钢穿线管、碳钢穿线管。

穿线管用于室内正常环境和在高温、多尘、有震动及有火灾危险的场所，也可在潮湿的场所使用，不得在特别潮湿，有酸、碱、盐腐蚀和有爆炸危险的场所使用。

（1）塑料穿线管：

执行标准：JG 3050—1998。塑料穿线管即为白色的硬质 PVC 胶管（见图1-60）。现在常用 PE 波纹管做"电工套管"，质优价廉，美观便捷。

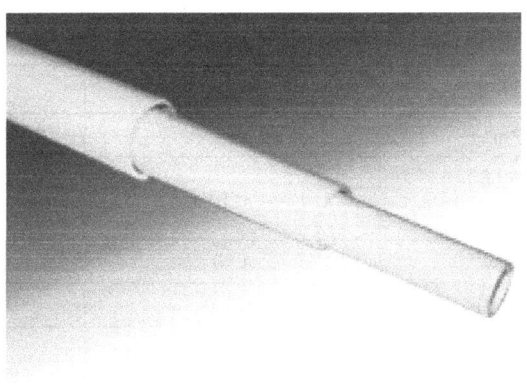

图1-60 塑料穿线管

（2）不锈钢穿线管：

不锈钢穿线管材质为304不锈钢或301不锈钢（见图1-61），是用作电线、电缆、自动化仪表信号的电线电缆保护管，规格为

3~150mm。超小口径不锈钢穿线管（内径3~25mm）主要用于精密光学尺之传感线路保护、工业传感器线路保护，具有良好的柔软性、耐蚀性、耐高温、耐磨损、抗拉性。

图1-61　不锈钢穿线管

（3）碳钢穿线管：

碳钢穿线管是由材质为Q235的有缝钢管生产而成的电线电缆保护管（见图1-62），通常为R=6D的产品。R越大，弯度就越缓，而在穿线时就会非常容易穿过去。碳钢穿线管在和直管相连接时，是用套管护住接口处，然后用焊接的方式把管子和穿线管连接起来，其目的就是不让接口处受到电焊伤害，从而保护里面的电线电缆。常用规格为DN20~DN150。

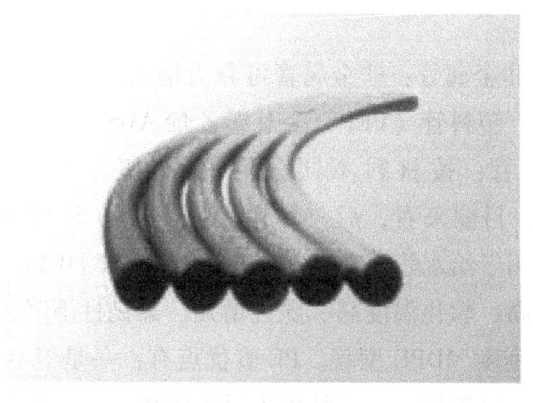

图1-62　碳钢穿线管

穿线管具有优良的机械性能和抗腐蚀性能,耐压强度高,工作压力超过 2.5MPa,使用环境温度为 -15℃ ~ +40℃。穿线管表面光滑、流体阻力小、不结垢、不宜滋生微生物,热膨胀系数小,不收缩变形。其环氧涂塑层更有效地解决了输水、埋地和酸、碱、盐对金属管道的腐蚀,使用年限可达 50 年以上。

2. 给排水管

给排水管按材料划分为金属管和非金属管。

(1) 金属管:现在推行的室外金属管有钢管和给水球墨铸铁管。

①钢管:钢管分为无缝钢管和焊接钢管。焊接钢管分为螺旋缝焊接(自动埋弧焊接和高频焊接)和直焊接钢管(普通直焊接和不锈焊接钢管),无缝钢管按制造方法分为热轧管和冷轧(冷拔)管,冷轧的最大公称直径为 200mm,热轧为 600mm。镀锌钢管是在钢管表面做镀锌处理,内外表面都有镀锌层,起到耐腐蚀的作用,镀锌钢管可以是焊接的也可以是无缝的。

②给排水铸铁管:按材质分为给水灰口铸铁管和给水球墨铸铁管(强度高、韧性强、密封性能强、抗腐蚀能力强、施工安装方便)。其优点是能承受较大的工作压力,耐腐蚀,价格便宜,管内壁涂沥青较光滑;缺点是质硬而脆,重量大,施工困难,公称直径从 75mm 至 1500mm 铸铁管的接头通常有承插式、法兰式以及柔性接口三种。

(2) 非金属管:非金属管可分为钢筋混凝土管、石棉水泥管、玻璃钢管、塑料管(PEPVC - U 苯乙烯 ABS)。

①PE 管:按材料不同分为 PE63 级、PE80 级、PE100 级、PE112 级,目前来看,后三种应用广泛,由于 PE63 级承压较低,所以很少用于给水管材。PE 管也分为高密度 HDPE 型管(刚度强、拉伸强度高、软化温度高、脆性增强、柔韧性下降、抗应力开裂下降)和中密度 MDPE 型管。PE 管优点有:一是卫生条件好。PE 无毒不含重金属添加剂,不结垢不滋生细菌。二是柔韧性好,抗冲击

性强度高,耐强震扭曲。三是独特的电容焊接和热熔对接接口强度高于管材本体,保证了接口的安全可靠。连接方式主要电热熔、热熔对接焊和热熔承插链接。管道敷设可采用直埋方式施工或插入管敷设。

②PVC-U管:不导电不导热,阻燃,突出用于高腐蚀性水质的管道输送,质量和经济效果达到最佳,施工方便安全,主要连接方式有承插式链接、粘结剂连接。它是我国目前用量最大、设计施工最成熟的一种管道。

③ABS管:耐腐蚀性极强,耐撞击性极强,能在强大外力的撞击下,材质不破裂,韧性强。它用于高标砖的水质管道输送,质量和经济效果达到最佳。其连接方式主要有冷胶溶接法。

④PPR管:热熔连接,具有一般塑料管重量轻、耐腐蚀、不结垢、使用寿命长等特点。PP-R管主要用途有:一是建筑物的冷热水系统,包括集中供热系统;二是建筑物内的采暖系统、包括地板、壁板及辐射采暖系统;三是可直接饮用的纯净水供水系统;四是中央(集中)空调系统;五是输送或排放化学介质等工业用管道系统。

3. 分线盒

分线盒(见图1-63)是配线电缆或光缆的终端,连接配线电缆或光缆和用户线路部分,对主干线进行分支具有重要的作用。分线盒可安装在桥架、箱体、管道、电缆沟等狭小的空间内,不占用建筑的有效使用面积,安装方便,不需要截断主电缆。

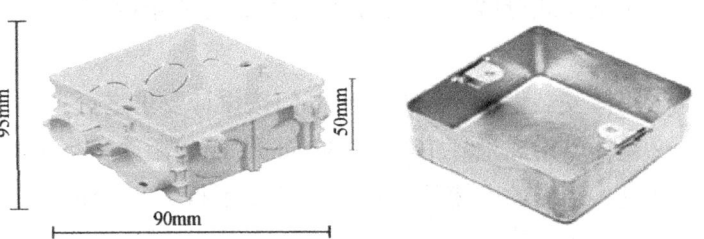

图1-63 分线盒

(1) 使用环境：

①室外分线盒使用环境。环境温度：-55~+55℃；相对湿度：<95%；大气压力：70~106kPa。

②室内分线盒使用环境。环境温度：-25~+40℃；相对湿度：<95%；大气压力：70~106kPa。

(2) 型式规格：

①型式：按其接续方式不同可分为压接式和卡接式两大类。按其安装方式不同可分为挂式和嵌式两种。

②规格：分线盒产品按其容量可分为5、10、20、30、50、100回线等规格。

(3) 安装方法：

一是各种室外分线盒的安装：

①分线盒在水泥杆上安装（采用金属背架）；

②墙式室外分线盒的安装。

二是室内分线设备的安装：

①安装在走道墙面的分线盒，其安装高度在画镜线上方或盒底部距地坪2500mm；

②安装在室内墙壁的分线盒，可安装在踢脚线的上方，盒底距踢脚线50mm；

③安装在电缆上升房内的分线盒，应采取竖装，其下部距地坪1500mm；

④墙式室内分线盒安装采用铅榫、木螺丝。

三是壁龛式分线箱安装分为箱体安装和箱内接续部件安装两部分：

①箱体安装由房屋建筑施工部门按设计要求进行；

②箱体下沿离地坪1000~1300mm，箱边距墙角≥1000mm；

③进入箱内的电缆管，用户线长度不得大于15mm。管口倒钝并铰牙，再用螺母将管子与箱体连接；

④箱内接续部件安装包括穿线板、模板安装，模块宜安装在箱

内居中位置。

4. 地漏

地漏（见图1-64），是连接排水管道系统与室内地面的重要接口。作为住宅中排水系统的重要部件，它排除的是地面水、水渍、固体物、纤维物、毛发、易沉积物等。地漏具有防臭气、防堵塞、防蟑螂、防病毒、防返水、防干涸（主要指的是水封式地漏）等特点，主要有铸铁、PVC、锌合金、陶瓷、铸铝、不锈钢、黄铜、铜合金等材质。

图1-64 地漏

（1）工程塑料：工程广泛应用，价格便宜。

（2）铸铁：价格便宜，容易生锈，不美观，生锈后挂粘脏物，不易清理；

（3）PVC：价格便宜，易受温度影响发生变形，耐划伤和冲击性较差，不美观；

（4）锌合金：价格便宜，极易腐蚀；

（5）陶瓷：价格便宜，耐腐蚀，不耐冲击；

（6）铸铝：价格中档，重量轻，较粗糙；

（7）不锈钢：价格适中，美观，耐用；

（8）铜合金：价格适中，实用型。

(9) 黄铜：质重，高档，价格较高，表面可做电镀处理。

地漏的安装要点如下：

(1) CJ/T 186—2003 标准仅适用于一般工业和民用建筑物使用的地漏，不适用于特殊场所如人防工程专用的防波地漏、石化企业专用的防爆地漏。对于特殊场所的地漏，除参照此标准外，还应符合相关行业的技术要求。

(2) 水封是有水封地漏的重要特征之一。选用时应了解产品的水封深度是否达到 50mm。侧墙式地漏、带网框地漏、密闭型地漏一般大多不带水封；防溢地漏、多通道地漏大多数带水封，选用时应根据厂家资料具体了解清楚。

对于不带水封地漏，应在地漏排出管配水封深度不小于 50mm 存水弯。此部件可由地漏生产厂家配置，或由安装地漏的施工单位设置。

(3) 地漏箅子面高低可调节，调节高度不小于 35mm，以确保地面装修完成后的地漏面标高和地面持平。地漏设防水翼环，是为了做好地漏安装在楼板时的防水要求。设在地下车库汽车通道或承受荷重场所的地漏，其箅子强度应能满足相应荷载。

(4) 带水封地漏构造要合理，流畅，排水中的杂物不易沉淀下来；各部分的过水断面面积宜大于排出管的截面积，且流道截面的最小净宽不宜小于 10mm。

(5) 地漏连接方式有三种：承插、螺纹、卡箍。连接口尺寸可按现行国家有关规定确定。

(6) 应优先采用防臭地漏，不需要排水的地方可以不设置地漏。地漏未设置回水湾不得竣工。

5. 套管

套管（见图 1-65）通常用在建筑地下室，是用来保护管道或者方便管道安装的铁圈。套管的分类有刚性套管、柔性防水套管、钢管套管及铁皮套管等。

图 1-65 套管

套管的分类如下：

（1）普通套管多用焊接管制成，套管两端应机械裁口（如用无齿锯等），对壁厚要求不严。

（2）防水套管是指管道穿越地下室等有防水要求的建筑物、构筑物时，设置的特殊制作的套管。

（3）刚性防水套管需在套管外焊接止水环翼，对套管的壁厚、环翼的壁厚都有严格的要求，并应保证焊缝质量。

（4）新型加长型防水套管是指为加厚墙体定做的加长型防水套管，可以满足超厚墙体的穿管要求。

（5）防腐蚀防水套管是指经过防腐涂料特殊处理的防水套管，能有效防止防水套管的氧化和腐蚀。

（五）其他功能件

其他功能件是指利于防水、防雷、定位、安装等的预埋件。如橡胶止水条、预应力塑料波纹管、钢板止水带等。

1. 橡胶止水条

橡胶止水条主要用于混凝土现浇时设在施工缝及变形缝内，止水带与混凝土结构成为一体的基础工程，如地下设施、隧道涵洞等工程建筑。

（1）腻子型止水条：

腻子型遇水膨胀止水条是近期研制的新产品，它具有遇水膨胀的特殊性能，具有弹性接缝止水材料的密封防水作用。当接缝两面侧距离加大到弹性防水材料的弹性复原率以外时，由于该材料具有遇水膨胀的特性，在材料膨胀范围以内仍然能起止水作用。

（2）制品性止水条：

制品型遇水膨胀橡胶止水条具有吸水后膨胀率高、加压不失水、与空气接触不风化、耐酸碱性稳定、抗老化等优点。该产品主要应用于盾构施工法现砌接缝防水、建筑物变形缝、施工缝用止水带。

（3）自粘性胶条：

自粘性胶条是由丁基橡胶填充挤增塑剂及其他特种助剂，经过特殊工艺加工而成的一种新型橡胶防水材料。它不仅填充混凝土气孔缝隙，而且在一定压力下，与混凝土有良好的粘结力，使其与混凝土联为一体，起到防水止水的作用。

2. 预应力塑料波纹管

预应力塑料波纹管是由高密度聚乙烯（HDPE）经塑料挤出机挤出成型的单壁波纹管，用于后张预应力混凝土结构，作为预应力筋的成孔管道，在桥梁及建筑施工中是替代原有金属波纹管的理想产品。塑料波纹管分圆管及扁管两大类，在实际使用中辅以各类塑料连接件加以连接（见图1-66）。

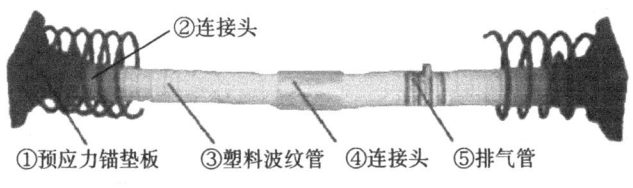

图1-66 碳钢穿线管

预应力塑料波纹管与传统金属波纹管相比具有明显的优点：

（1）具有良好的耐腐蚀性，提高预应力筋的防腐保护。

（2）具有良好的物理性能，不导电，可防止杂散电流腐蚀，密封性能好，不生锈。

（3）荷载下不渗透，强度高，刚度大，抗冲击性好，不怕踩压。

(4) 减少张拉过程中的预应力的摩擦损失。

与传统金属波纹管相比,塑料波纹管在使用时要配套有专用的各类接头,用于与夹片群锚垫板的连接,接管用于波纹管之间的连接,排水管与波纹管连接后能对压入波纹管中的水泥浆进行泌水(见图1-67)。

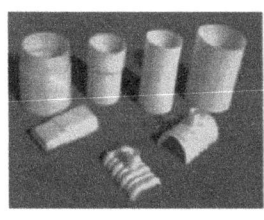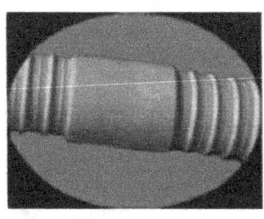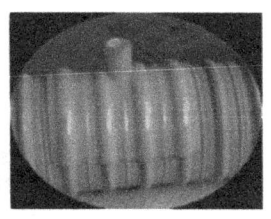

图1-67 各种规格连接管波纹管间的连接泌水管连接

在使用过程中,真空灌浆是后张预应力混凝土结构施工中的一项新技术,其基本原理是:在孔道的一端采用真空泵对孔道进行抽真空,使之产生-0.1MPa左右的真空度,然后用灌浆泵将优化后的特种水泥浆从孔道的另一端灌入,直至充满整条孔道,并加以≤0.7MPa的正压力,以提高预应力孔道灌浆的饱满度和密实度。

采用真空灌浆工艺是提高后张预应力混凝土结构安全度和耐久性的有效措施。塑料波纹管连接头预应力钢束使用塑料波纹管与真空辅助灌浆的新工艺,能解决目前日益超长的预应力孔道成型、预应力张拉延伸不足和孔道灌浆难于饱满的问题。对于超长束,如采用传统的金属波纹管为成孔管道材料,存在着成孔材料摩阻力大、成孔材料不易施工、在施工过程中易漏浆、压浆不密实等众多弊端,易造成张拉延伸量难以满足要求。真空辅助灌浆利用真空泵先行清除孔道中的空气,使孔道内达到负压状态,然后再用压浆机以正压力将水泥浆注入预应力孔道,由此排除了孔道中的气泡,提高了孔道内压浆的饱满度。

3. 钢板止水带

钢板止水带又称止水钢板。在箱型基础或地下室,底板和外墙板的混凝土是分开浇捣的,下次再浇捣墙板混凝土时,就有一条施工冷缝,当这条缝的位置在地下水位线以下时,就容易产生渗水。这样就需要对这条缝进行技术处理,处理的方法很多,其中比较通行的方法是设置止水钢板(见图1-68)。

图1-68 钢板止水带

一般钢板止水带是采用冷轧板作为母材,因为冷板厚度较均匀,厚度一般为2mm或者3mm,长度一般加工成3m长或者6m长,一般为3m适合运输。

钢板止水带(止水钢板)即在浇筑下层混凝土时,预埋300mm×3m的钢板,其中有10~15cm的上部露在外面,在下次再浇筑混凝土时把这部分的钢板一起浇筑进去,起到阻止外面的压力水渗入的作用。因此止水钢板对焊接节点要求较高,不能出现漏点,影响防水性能。因此,钢板止水带(止水钢板)有以下施工要点:

(1)应尽力保证止水钢板在墙体中线上。

(2)两块钢板之间的焊接要饱满且为双面焊,钢板搭接不小于20mm。

(3)墙体转角处的处理,有整块钢板弯折、丁字型焊接、7字型焊接三种方式。

(4)止水钢板的支撑焊接,可以用小钢筋点焊在主筋上。

(5)止水钢板穿过柱箍筋时,可以将所穿过的箍筋断开,制作成开口箍,电焊在钢板上。

(6) 止水钢板的"开口"朝迎水面。

附录
准备阶段应知应会

序号	分类	要求	初级	中级	高级
1	第一节 相关概念及法律法规、标准和政策	建筑行业相关的法律法规,与本工种相关的国家、行业和地方标准		○	■
2	第二节 装配式建筑分类	装配式建筑基本分类		○	■
3	第三节 建筑识图	构件大样图识图、预埋工程施工图识图知识、建筑制图基本知识	○	■	★
4	第四节 工具与设备	预埋件、预埋管及预埋螺栓安装拆除机具的使用知识、工具维护及保养,安全防护工具的基本功能及使用知识	★	★	★
5	第五节 材料	预埋件、预埋管及预埋螺栓的常见类型、规格、材质、安装要求,力学性能及使用要求及成品保护知识	■	★	★

注:○表示"了解",■表示"熟悉",★表示"掌握"。

第二章

预埋件的制作

本章主要介绍预埋件制作前的准备工作、施工工艺、加工生产程序、成品检验、存放及运输的全阶段要求及要点。

第一节

预制前的准备工作

一是在构件制作前,相关人员应进行熟悉设计图纸的自审和会审工作,并应按工艺规程做好各道工序的工艺准备工作。制造所需的材料、机具和工艺装备应符合工艺规程的规定。上岗操作人员应进行培训和考核,特殊工种应进行资格确认,并做好各道工序的技术交底工作。

二是质检员依据国家有关标准对进场的材料进行质量外观和质量证明文件的检验,检验合格后填写材料进场检验记录。在材料上或包装箱上作出检验合格的认可标识。

三是进场材料要根据工程的要求及材料质量的具体情况进行复验,必要时依据《金属板材超声波探伤方法》GB 4730—94 进行探伤,经复验鉴定合格的材料方准正式入库,并作出复验标记,不合格材料清除现场，避免误用。

四是焊材的选择与管理要依据设计图纸提供的构件材料，由主管技术负责人选择相匹配的焊材，焊接工艺评定结果批准后方可使用。其中：

(1) 预埋件的原材料应确保合格，加工前必须检查其合格证，进行必要的力学性能试验及化学成分分析，同时观感质量必须合格，表面无明显锈蚀现象。

(2) 预埋件焊接前，必须检查钢筋钢板的品种是否符合设计要求及强制性标准规定，对不符合要求者，需查明。

(3) 对于焊条和焊剂型号的选定，需根据其使用要求和不同性能来进行。当采用压力埋弧焊时，采用与主体金属强度相适应的焊条；当采用手工焊时，可按强度低的主体金属。

(4) 焊工必须考试合格后方可上岗，模拟施工条件。

焊接材料的管理：焊条焊丝入厂时必须有齐全的质量证件及完整的包装，按国家标准进行理化复验及工艺性评定。焊材库的设置要按规范配备齐全的通风干燥等设施，并设驻库检查及保管员，焊材出库时严格遵守公司的管理规定，履行出库程序。

第二节
钢材预埋件制作工艺

一、引用标准、术语

(1)《混凝土结构工程施工质量验收规范》GB 50204—2002；

(2)《钢结构工程施工质量验收规范》GB 50205—2001；

(3)《火电施工质量检验及评定标准——土建工程篇》1995—

4—1；

(4)《钢结构加工相关操作规程》；

(5)《建筑钢结构焊接技术规程》JGJ 81。

二、施工准备

(一) 材料及主要机具

1. 材料

按设计要求备料，一般包括钢板、型钢、钢筋、焊条等，原材料质量必须符合验收规范要求。钢板、型钢材质为 Q235 钢；钢筋为Ⅰ级、Ⅱ级钢筋。

2. 主要机具

(1) 钢筋加工设备：钢筋断料机、弯料机；

(2) 砂轮锯、砂轮机（手提式和座式）、气割（1~2套）、调直机、摇臂钻床、手提钻机、弯管机；

(3) 电焊机、埋弧焊机、烘干箱、钢卷尺、直尺；

(4) 剪板机（必要时）、滚压机（必要时）。

(二) 作业条件

(1) 加工车间内生产，作业环境应有良好的防雨、干燥和通风排气、照明等条件；

(2) 供电、供水、起重设备满足最大负荷要求，灭火器具满足要求；

(3) 作业人员熟识施工图和技术交底或作业指导书的要求；

(4) 从业人员持证上岗，并有效穿戴劳保用品；

(5) 机电设备、机具齐备、完好，计量器具检验合格有效。

三、操作工艺

工艺流程见图2-1：

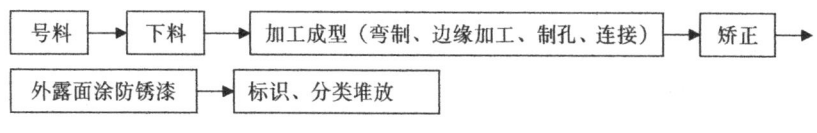

图2-1 工艺流程

(一) 号料

(1) 检查核对材料，清除原材料上的铁锈、油污。

(2) 根据加工图尺寸要求在母材上实物放样，划出切割、弯曲、钻孔等加工位置，划线或打冲孔定位，形状复杂的预埋件应制作样板或比例模型定尺放样。

(3) 放样配料应尽可能节约材料和有利于切割和保证质量，加工精度要求较高的预埋件应考虑切割、气割和边缘加工的损失量。

(二) 下料

(1) 根据不同材质和质量标准要求采用切割、气割（手动和自动）、冲剪等方式断料，机械能剪切的尽可能用机械剪切。

(2) 根据不同下料方式的工艺操作要求，严格控制下料的精度，最大限度减少偏差。

(三) 加工成型（弯制、边缘加工、制孔、连接）

根据预埋件加工图的需要采用相应的制作工艺：

1. 弯制

(1) 型钢（角铁、槽钢、工字钢）采用滚圆机煨弯，钢管采用液压弯管机弯制。

（2）非标钢管采用滚圆机或简易手动弯卷机具卷制，非标钢管或大口径管道常用割口煨弯，然后焊接制成不同弯度的预埋件。

2. 边缘加工

下料后块件应进行边缘加工，消除边缘上的熔瘤、飞溅物和毛刺以及切口倾斜偏差，常用不同形式的砂轮机进行，工程量大可采用铣、刨、铲等机械进行加工。

3. 制孔

一般采用气割吹孔和机械钻孔两中方式。

（1）在开孔精度要求不高的如现浇混凝土表面预埋板排气孔或预埋板穿孔T型塞焊的开孔等，一般是采用气割吹孔。

（2）机械钻孔是在成孔精度要求高时采用，钻孔前应在构件上开孔位置冲孔定位，构件可靠固定才能进行。

4. 连接

除特殊要求外，预埋件的连接一般采用焊接，钢板与锚筋的T型焊优先采用埋弧压力焊，现阶段一般采用手工电弧焊。

（1）焊缝形式和焊条直径的选择。

钢板与锚筋的连接主要采用贴角T型焊和穿孔T型塞焊以及贴角搭接焊三种焊接型式。选用何种方式根据设计要求确定，一般是锚筋直径Φ18mm以下采用贴角T型焊，锚筋直径Φ20～Φ25mm采用穿孔T型塞焊。

预埋套管止水环的焊接和型钢、钢板的T形接头、十字接头、角接接头、搭接接头等采用贴角焊；非标钢管卷制封口或弯头割口煨弯封口采用坡口对接焊；焊材应根据连接材料材质和施焊方式选用，必须符合设计和规范要求。

焊缝高度和焊缝宽度以及焊缝长度应根据设计图和验收规要求确定，一般应符合下列要求：采用贴角T型焊和穿孔T型塞焊时，焊缝高度 h_f 不宜小于6mm，并符合以下要求：Ⅰ级钢筋：$h_f \geq 0.5d$；Ⅱ级钢筋：$h_f \geq 0.6d$；采用贴角双面搭接焊时，①焊缝高度：$h_f \geq 0.35d$，且不小于6mm；②焊缝宽度：$b_f \geq 0.5d$，且不小于 8mm；③焊缝长度：Ⅰ级钢筋 lf≥4d；Ⅱ级钢筋 hf≥5d（d 为锚筋直径）。

焊条直径的选择主要是取决于焊件厚度、焊接接头形式、焊缝位置和焊缝层次等。预埋件焊接用焊条直径一般采用 Φ3.2mm 和 Φ4mm 两种；焊条一般采用 E43 型或根据设计和焊接材质的要求选用。

手工焊、穿孔塞焊见图 2-2，锚筋和钢板搭接焊见图 2-3。

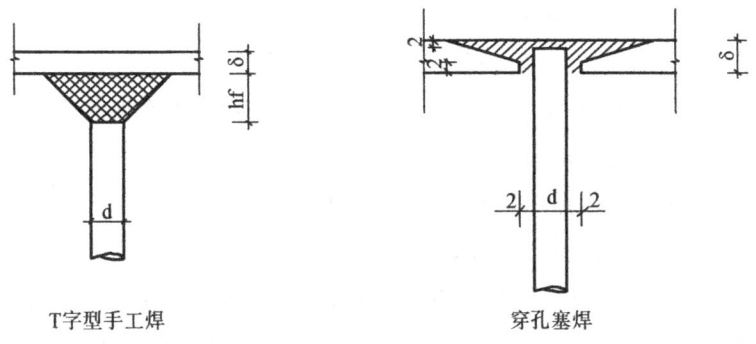

图 2-2 手工焊、穿孔塞焊（单位：mm）

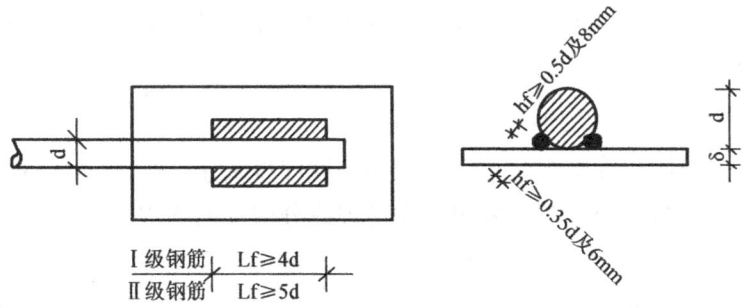

图 2-3 锚筋和钢板搭接焊

（2）焊接电流和焊接分层的控制。

施焊时应选择适合的电流，避免电弧咬伤钢筋，操作时要保持焊脚宽度和焊缝高度达到设计和规范要求，同时严禁在焊缝区以外的母材上打火引弧。采用 Φ3.2mm 焊条，焊接电流一般控制在 100~120A 之间；采用 Φ4mm 直径焊条，焊接电流一般控制在

160~200A之间,并根据施工焊时的实际情况作适当调整。

采用手工焊时,宜用环向分层连续施焊,分层厚度控制在4~5mm为宜,每一层焊道完成后及时清理焊渣,发现有影响焊接质量的缺陷,必须处理后再焊;

采用穿孔塞焊时,钢板的孔洞应制成喇叭口,其内口直径应比钢筋直径大4mm,倾斜角为45°钢筋缩进2mm;

焊接完成后应及时清理焊渣,并认真检查焊缝质量,重要构件应在外露面标识焊工资格证号。

(3) 预埋件的锚筋与铁板厚度的选择。

预埋件的锚筋与铁板应相匹配,可根据设计图要求选用,一般钢板厚度不于6mm,并符合下列要求:①直锚筋与钢板T字型焊$\delta \geqslant 0.6d$;②锚筋与钢板搭接焊$\delta \geqslant 0.3d$。

(4) 焊条的焙烘要求。

存放时间较长或受潮的焊条在使用前应进行焙烘,焊条焙熔温度根据不同材质的焊条而定,常用的E43型焊条属酸性焊条,一般在70℃~150℃温度中焙烘1~2h;E506型焊条属低氢碱性焊条在使用前必须焙烘,在250℃~350℃温度下焙烘1~2h,然后放入低温焙烘箱保持恒温。

(5) 焊接变形和应力的控制。

采用对称施焊,对钢筋较多的埋件可采用焊工同时对称施焊。

焊接长焊缝时,采用反向逆焊或分层反向逆焊。

采用刚性固定法。在台座上设置夹具,强制焊缝不变形,对于钢板与锚筋的贴角T型焊和穿孔T型塞焊,可采用夹具引道释放变形,控制不利变形,防止产生常见的钢板、型钢翘曲和波浪变形。

(6) 埋弧压力焊焊接工艺要求。

施焊前,钢筋和钢板应清洁,必要时除锈,以保证台面与钢板、钳口与钢筋接触良好,不致起弧。

采用手工埋弧压力焊时,接通焊接电源后,立即将钢筋上提2.5~3.5mm,引燃电弧。随后,根据钢筋直径大小,适当延时;

或者继续缓慢提升 3~4mm,再渐渐下送,使钢筋端部和钢板熔化,待达到一定时间后迅速顶压。

采用自动埋弧压力焊时,在引弧之后,根据钢筋直径大小,延续一定时间进行熔化,随后及时顶压。

(7) 焊接参数。

预埋件钢筋埋弧压力焊的焊接参数主要包括:引弧提升高度、焊接电流、焊接通电时间、电弧电压等。随着钢筋直径的增大,焊接电流也应增加。预埋件钢筋埋弧压力焊的焊接选用参数见表 2-1:

表 2-1　　　　预埋件钢筋埋弧压力焊的焊接选用参数

钢筋级别	钢筋直径 (mm)	焊接电流 (A)	电弧电压 (V)	焊接通电时间 (s)	焊化量加压入量 (mm)	引弧提升高度 (mm)
Ⅰ级	6	400~450	30~35	1.0	8	2.5
	8			1.5	9	2.5
Ⅱ级	10	550~650	30~35	2.0~2.5	9	2.5
	12	650~750	30~35	3.5~4.0	11	3.0
	14	750~850	30~35	4.5~5.0	11	3.5
	16	800~900	30~35	5.0~4.5	11	3.5
	18	900~1000	30~35	6.5~8.0	12	3.5
	20	1000~1100	30~35	9.0~10.0	12	3.5

(8) 焊接常见质量通病的分析和防治。

①焊缝尺寸不符合要求(见表 2-2):

表 2-2　　　　关于焊缝尺寸不符合要求的防止措施

产生的原因	防止措施	处理方法
(a) 焊件坡口角度不当,间隙不均匀; (b) 焊接电流过大或过小; (c) 运条速度或施焊时焊条角度不当; (d) 操作不熟练	(a) 用正确的坡口角度和间隙; (b) 调正电流强度; (c) 改正运条速度和焊条角度	补焊

② 咬肉（咬边）（见表 2-3）：

表 2-3　　关于咬肉（咬边）的防止措施

产生的原因	防止措施	处理方法
(a) 电流过大； (b) 运条速度不当； (c) 电弧太长	(a) 调整电流强度； (b) 压低电弧； (c) 埋弧压力焊时应缩短焊接时间；增大压入量	补焊

③ 钢板焊穿（见表 2-4）：

表 2-4　　关于钢板焊穿的防止措施

产生的原因	防止措施	处理方法
(a) 焊接电流过大； (b) 熔化时间过长	减少焊接电流或减少熔化时间	更换原材，重焊

④ 焊瘤（见表 2-5）：

表 2-5　　关于焊瘤的防止措施

产生的原因	防止措施	处理方法
(a) 点焊过高； (b) 运条不当或电弧过长； (c) 电流不适当	(a) 用碱性焊条时要弧短，运条均匀； (b) 注意垂直焊缝、仰焊缝的操作； (c) 清除过高的焊点	铲除重焊

⑤ 夹渣（见表 2-6）：

表 2-6　　关于夹渣的防止措施

产生的原因	防止措施	处理方法
(a) 焊接电流过小； (b) 坡口角度太小； (c) 焊件上有较厚锈蚀； (d) 药皮性能不适用； (e) 操作不熟练	(a) 施焊时注意分清铁水和熔渣，可能熔渣夹杂于铁水中浮不起来。此时应放慢速度，防止熔渣超前于铁水。发现熔池中有脏物时，应拉长电弧吹出或停留片刻； (b) 正确选用电流，坡口分层焊时要消防层间熔渣； (c) 选择合适的压入留量，保证顶压过程中有足够的埋入深度； (d) 埋弧压力焊时避免过早切断焊接电流，加快顶压速度	铲除夹渣重焊

⑥气孔（见表2-7）：

表2-7　　　　　　　关于气孔的防止措施

产生的原因	防止措施	处理方法
(a) 碱性焊条受潮、药皮变质、钢芯锈蚀； (b) 非碱性焊焙烘温度过高，药变质； (c) 埋弧压力焊时焊剂未按规定焙烘，焊丝不清洁； (d) 焊件表面有水、油污及熔渣、油漆等； (e) 电流过大，焊条烧红； (f) 薄钢板焊接时速度太快，空气湿度大； (g) 焊条药皮偏心焊时混入空气	(a) 焊条应按规定焙烘，避免用变质或受潮焊条； (b) 注意焊件表面清洁； (c) 可适当减少电流，降低焊速； (d) 引弧时不可把电弧拉长	允许有个别气孔，超标必须铲除重焊

⑦未焊透（见表2-8）：

表2-8　　　　　　　关于未焊透的防止措施

产生的原因	防止措施	处理方法
(a) 电流过小，施焊过速，热量不足； (b) 运条不正确，焊条偏向坡口一侧； (c) 拼装间隙不正确，不易施焊； (d) 焊条没有伸入焊缝根部； (e) 起焊温度较低； (f) 双面焊时没有清根	(a) 检查坡口角度和装配间隙； (b) 选用较大电流，放慢焊速，运条要照顾两侧母材熔化情况； (c) 双面焊一定挑清焊根	重焊

（四）矫正

预埋件的制作过程应采取有效措施防止成品超标准变形，否则采取矫正措施，主要有冷矫正和热矫正两种。

（1）冷矫正主要是采用撑直机、油压机、压力机、锤击进行矫正。

（2）热矫正主要是用于局部弯曲矫正。即在弯曲的凹面用割枪加热，在弯曲的凸面加压校正。

（五）外露面涂防锈漆

预埋件外露面经清洁除锈后涂上设计要求的防锈漆。涂漆时工作地点的温度应为5℃~38℃之间，相对湿度≤85℃；油漆前要清净基面。雨天不宜作业，涂漆后4h内严防雨淋。

(六) 标识、分类堆放

(1) 预埋件外露面涂除锈后在其表面按设计编号标识。

(2) 预埋件应按使用部位分类堆放，并设置分类标识牌，防止遗失和误用；建筑材料的堆放应当根据用量大小、使用时间长短、供应与运输情况确定，用量大、使用时间长、供应运输方便的，应当分期分批进场，以减少堆场和仓库面积。

①施工现场各种工具、构件、材料的堆放必须按照总平面图规定的位置放置。

②位置应选择适当，便于运输和装卸，应减少二次搬运。

③地势较高、坚实、平坦、回填土应分层夯实，要有排水措施，符合安全、防火的要求。

④应当按照品种、规格堆放，并设明显标牌，标明名称、规格和产地等。

⑤各种材料物品必须堆放整齐。

第三节
预埋件加工生产程序

一、一般规定

(1) 在混凝土浇筑前应进行预制构件的隐蔽工程检查。

(2) 预制构件中的钢筋不宜使用接头，如果有接头，其连接方式和质量检验应符合国家标准《混凝土结构工程施工质量验收规范》GB 50204 的规定。

（3）盘卷钢筋调直应采用无延伸功能的机械设备进行。

（4）生产时预埋入构件或在厂内安装的门窗，其安装质量及检测方法应符合《建筑装饰装修工程质量验收规范》GB 50210 的规定。

（5）钢筋进场时，应按国家现行相关标准的规定抽取试件作屈服强度、抗拉强度、伸长率、弯曲性能和重量偏差检验，检验结果应符合相关标准的规定。

（6）成型钢筋进场时，应抽取试件作屈服强度、抗拉强度、伸长率和重量偏差检验，检验结果应符合相关标准的规定。

（7）钢筋应平直、无损伤，表面不得有裂纹、油污、颗粒状或片状老锈。

（8）成型钢筋的外观质量和尺寸偏差应符合国家现行有关标准的规定。

（9）钢筋、成型钢筋进场检验，当满足下列条件之一时，其检验批容量可扩大一倍：

①获得认证的钢筋、成型钢筋；

②同一厂家、同一牌号、同一规格的钢筋，连续三批均一次检验合格；

③同一厂家、同一类型、同一钢筋来源的成型钢筋，连续三批均一次检验合格。

（10）预埋件用钢材及焊条的性能应符合设计要求。

（11）钢筋采用机械连接或焊接连接时，钢筋机械连接接头、焊接接头的力学性能、弯曲性能应符合国家现行相关标准的规定。

（12）工程应用套筒灌浆连接时，应由接头提供单位提交所有规格接头的有效型式检验报告，报告的内容和验收时核查的内容应符合现行行业标准《钢筋套筒灌浆连接应用技术规程》JGJ 355 的规定。

（13）灌浆套筒进厂时应抽取灌浆套筒检验外观质量、标识和尺寸偏差，检验结果应符合现行行业标准《钢筋连接用灌浆套筒》JG/T 398 的有关规定；灌浆套筒灌浆端最小内径与连接钢筋公称直径的差值不宜小于规定的数值，用于钢筋锚固的深度不宜小于插入钢筋公称直径的 8 倍。

（14）灌浆套筒进厂时，应抽取灌浆套筒并采用与之匹配的灌浆料制作对中连接接头试件，并进行抗拉强度检验，抗拉强度不应小于连接钢筋抗拉强度标准值，且破坏时应断于接头外钢筋；试件应模拟施工条件并按施工方案制作，接头试件的养护和试验方法应符合现行行业标准《钢筋套筒灌浆连接应用技术规程》JGJ 355 和《钢筋机械连接技术规程》JGJ 107 的有关规定。

（15）同一厂家、同一规格的灌浆套筒连接接头试件，连续检验 10 个验收批抽样试件抗拉强度检验合格时，验收批接头数量可扩大为 2000 个。

（16）夹心外墙板中内外叶墙板的连接件进场时，应对承载力、变形、耐久性能和节能设计进行确认，满足产品标准的规定和设计要求。

二、钢筋和预埋件加工

（1）钢筋弯折的弯弧内直径应符合下列规定：
①光圆钢筋，不应小于钢筋的 2.5 倍；
②335MPa 级、400MPa 级等带肋钢筋，不应小于钢筋直径的 4 倍；
③箍筋弯折处不应小于纵向受力钢筋的直径。
（2）纵向受力钢筋的弯折后平直段长度应符合设计要求；光圆钢筋末端做 180°弯钩时，弯钩的平直段长度不应小于钢筋直径的 3 倍。
（3）箍筋、拉筋的末端应按设计要求做弯钩，并应符合下列规定：

①对一般结构构件，箍筋弯钩的弯折角度不应小于90°，弯折后平直段长度不应小于箍筋直径的5倍；对有抗震设防要求或设计有专门要求的结构构件，箍筋弯钩的弯折角度不应小于135°，弯折后平直段长度不应小于箍筋直径的10倍；

②梁、柱复合箍筋中的单肢箍筋两端弯钩的弯折角度均不应小于135°，弯折后平直段长度应符合上述①对箍筋的有关规定。

（4）钢筋直螺纹丝头的螺距、牙型角、长度、螺纹精度应符合相关连接套筒的设计要求。

第四节　材料及成品检验

一、验收工具

验收前应做好验收准备工作，准备好验收相关工具及验收标准（见表2-9）。

表2-9　　　　　　　　验收工具

序号	工具名称	检查项目
1	游标卡尺	预埋件壁厚
2	卷尺	预埋件尺寸
3	通止规	预埋螺栓丝口
4	环规	预埋螺丝牙
5	设计图纸	预埋件尺寸要求
6	相关规范	预埋件规范要求

二、验收标准

(一) 管道、螺栓的验收标准

(1) 预埋件进场时,应对其外观质量进行检查。其外观质量应符合下列规定:

外表应光滑、清洁,无明显压痕和锈迹,无裂纹和污物;有镀层或涂层时,镀层或涂层应均匀一致。表面应有明显标识。

检查数量:全数检查。

检验方法:观察。

(2) 预埋件外型尺寸偏差应符合设计或者相关产品标准规定。

检查数量:按进场批次和产品抽样验检方案确定。

检查方法:尺量,检查抽样检测报告。

(二) 预埋件防腐防锈功能验收

检查数量:按进场批次和产品的抽样检验方案确定。

检验方法:检查抽样检测报告。

(三) 绝缘或阻燃性能的预埋件验收

有绝缘或阻燃性能的预埋件,应按有关标准规定对其绝缘或者阻燃性能进行检验,检验结果应符合相关标准的规定。

检查数量:按进场批次和产品的抽样检验方案确定。

检验方法:检查抽样检测报告。

(四) 观感验收标准

(1) 外观检查管材内外壁光滑,无凸棱凹陷、气泡等缺陷;

(2) 埋件、套筒、接驳器、预留孔等材料应合格,品种、规格、型号等符合设计与方案要求。

(3) 各种附件如开关、插座盒、管接头、盒接头、粘合齐等必须使用配套的阻燃制品，同时应有出厂合格证、CCC 认证标志和认证证书复印件。

（4）焊接钢管（或电线管）壁厚均匀，焊缝均匀规则，无劈裂、沙眼、棱刺和凹扁现象。焊接钢管的内外壁需预先除锈防腐处理，埋入混凝土内可不刷防锈漆，但应进行除锈处理。镀锌钢管或刷过防腐漆的钢管表层完整，无剥落现象。

（5）焊接钢管焊缝应平整，无漏焊、点焊现象，焊接完成应及时除去焊渣。

（6）铁制灯头盒、开关盒、接线盒等，盒壁厚度应不小于 1.2mm，无变形开焊，敲落孔完整无缺，面板安装孔与地线连接孔齐全。

第五节
存放及运输

一、避免堆积存放

预埋件厂家在进行运输的时候，需要轻吊轻放，要有一定的向上力量，不应堆积存放。

如果要长时间进行运输，这样的一个情况还是要尽可能避免。一旦预埋件出现了自身变形的情况，后续的使用都会受到非常严重的影响。

二、必须要做好后续的检查工作

在完成运输工作之后，预埋件厂家应该做好后续的检查工作，确保预埋件无任何的问题。

如果运输过程中出现了变形或者是其他方面的问题,建议应该及时进行更换,以防影响后续的整体工程。

附录
预埋件制作应知应会

序号	分类	要求	初级	中级	高级
1	第一节 预制前准备工作	预埋件、预埋管预制前的准备工作	■	★	★
2	第二节 钢材预埋件制作工艺	预埋件、预埋管制作要求和方法,成品保护知识	■	★	★
3	第三节 预埋件加工生产程序	预埋件、预埋管生产加工具体要求和程序	○	★	★
4	第四节 材料及成品检验	预埋件、预埋管及预埋螺栓进场验收知识	○	■	★
5	第五节 存放及运输	加工的预埋件存放要求及运输方法	■	★	★

注:○表示"了解",■表示"熟悉",★表示"掌握"。

第三章
预埋件施工

本章介绍预埋件施工阶段主要的工作内容,包括施工前准备、预埋吊点、各类预埋件施工要求、预埋件定位、预埋件固定、过程管控等。

第一节
施工前准备

一、清理工作面

现场预留预埋工作前检查预制墙板与现浇结构部分表面应清理干净,不得有油污、浮灰、粘贴物、木屑等杂物,安装墙板的连接平面应清理干净。

二、技术要求

(一) 图纸熟悉

施工前熟悉图纸,列出配合清单,标出配合部位,并预制好预埋件、套管和模盒。土建施工过程中，派专人跟踪配合，待土建施工到预留孔洞部位时，立即按施工图中给定的穿管坐标和标高，在模板上作出标记。在土建扎钢筋时，将事先做好的模具中心对准标记进行模具的固定安装，并考虑方便拆除临时模具。当遇有较大的孔洞、模具与多根钢筋相碰时，与土建技术人员协商，采取相应措施后再进行安装固定。对砌筑墙上的预留孔洞，派人同土建密切配合。预埋螺栓的施工质量好坏关系到整个工程的质量，当施工人员进场之前，应仔细地阅读施工图中的预埋螺栓的平面布置图和基础的详图，了解每一个柱脚的螺栓布置、规格及相应的固定架尺寸。

（二）材料准备

当基础开始施工，预埋螺栓即可进场，在进场前对预埋螺栓的原材料质量及外观质量进行检查，检查的项目有：螺栓的直径、螺栓的长度、螺栓的弯起长度、螺栓螺纹的长度、螺栓螺纹的质量。

（三）工具准备

在预埋螺栓施工过程中使用的工具主要有：

（1）测量工具：全站仪，水准仪（配塔尺），钢卷尺（5m、50m），水平尺、线锤。

为了保证预埋螺栓的施工质量，经纬仪、水准仪、钢卷尺等施工测量工具必须经计量部门进行定期鉴定，使用时必须在有效期内。

（2）螺栓固定架：螺栓固定架由多层板加工制作，在使用前应进行仔细的检查，检查的项目有：螺孔的个数、直径、排列方式、螺孔与螺孔之间的距离。

一般螺孔的直径比螺栓的直径大 0.2mm，在固定架使用前还应在架子上划出螺栓孔之间的中心线（见图 3-1）。

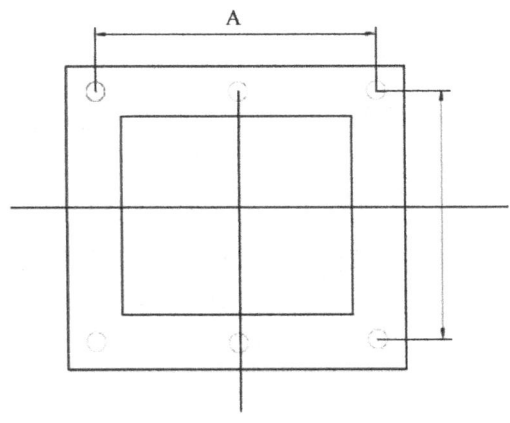

图 3-1　固定架平面

三、预埋工程施工方案

(一) 掌握施工图纸与现场施工条件

（1）在施工准备阶段，首先要熟悉钢质楼梯施工图与预埋件施工图纸，结合现场土建施工状况，了解本工程的预埋件的分布、形式以及依据本工程的施工特点制定预埋件施工方案、技术交底等。

（2）在这个阶段要全面地消化图纸的内容，现场的实际施工情况如发现问题要及时向设计师反映；找出预埋的难点、易混淆的部位，在交底中进行专项说明，并召集工人开专门的工作重点交底会议，要让操作人员掌握操作要领和技术要求。

(二) 制定预埋施工方案

针对本工程的具体情况，积极与总包单位技术部门交流，掌握施工重点、难点的处理，再结合施工组织计划，制订合理的预埋件施工计划。

(三) 在施工段找出定位轴线

根据图纸，在现场找出预埋部位附近的建筑定位轴线与水平层高标高线（50cm 线或 1m 线）的位置并进行复核，尽可能按照多的轴线来划分水平分布尺寸。找出各轴线后，测量建筑物外轮廓线，并绘制测量出的建筑物图，与建筑施工图对比，及时将测量结果传递至设计师，由设计师对误差进行分析并作出修改。

(四) 核对尺寸

现场各施工段钢柱的实际尺寸往往与设计图纸有偏差，所以要核对，尤其是立面、平面外轮廓变化较多的地方、转角处、突出的部位等，将实际测量尺寸标注在施工图纸上。

(五) 分析调整偏差

根据现场的尺寸，结合钢质楼梯的分格，求出偏差每分格内平均值，如未超出规范允许范围内的偏差，则根据现场尺寸分格埋设，如超出规范允许偏差，则必须及时组织包括设计师、业主工程师在内的小组，进行修正方案讨论和确定。

(六) 定出垂直、水平分布位置

上述步骤完成后，则用钢卷尺、墨斗、蜡笔或油漆刷等工具在现场进行预埋件位置确定，不同施工段从该段轴线起，分别向两边排布，最后核对埋件相对位置是否正确。

(七) 预置埋件

现场施工员负责对每层控制线进行吊线，对预埋件位置进行准确确定，这样能将左右偏差控制在设计图纸允许的范围内；在悬挑板侧模上弹出标高线，作为预埋件标高控制线。按照定位标记，将预埋件埋在梁（或柱）侧的预埋件在梁（或柱）方钢、角钢及钢筋绑完后即进行埋设,用电焊点焊于梁非主受力钢筋(如箍筋、加筋等),梁(或挑板)底的埋件在梁(或挑板)底模支完后,用铁钉轻敲定位。预埋件的锚固钢筋必须放在梁(柱或板)外排主筋的内侧。

四、轴线、标高

(一)定位轴线复核

在作业层混凝土顶板上,弹设控制线以便安装墙体就位,保证预埋管道连接就位准确,包括墙体及洞口边线、墙体50cm水平位置控制线、作业层50cm标高控制线(楼板插筋上)以及套筒中心位置线。具体见图3-2:

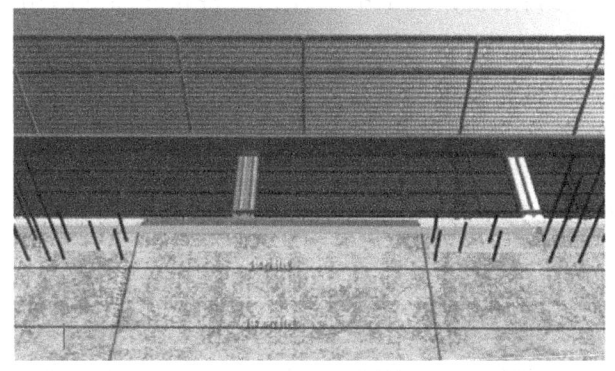

图3-2 测量放线

预埋螺栓安装前,应立即对工程的定位轴线进行复核。

(二)水准点的复核

对建设单位提供的水准点进行闭合测量,核对水准点,符合要求后将水准点引测到附近的建筑物或不宜损坏的地方,加以保护,同时保持视线畅通。

五、技术交底

(一) 施工部位和工作内容

具体要实施的部位及预埋预留施工工作内容，本施工部位的详细设计要求（按设计原样）。

(二) 施工准备

(1) 技术准备：施工前的技术交底（参考图必须附图明示，不能只给图号）、人员培训、规范验标的学习、原材料的报检报验、施工配合比、开工报告手续的完善等。

(2) 劳动力的组织：各个施工环节的人员安排和职责分工。

(3) 材料准备：施工中各种原材料和外加剂的用量计划（要有足够的存量）。

(4) 机具和设备的准备：各种施工机具的用量计划（要有备用计划和措施）。

(三) 主要施工工艺

流程图和施工方法（针对具体设计要求，详细说明如何去保证和实现），要有尺寸详图、总装图、主要节点详图。

例如：下料加工，焊接、绑扎，支模并安装预埋件，对照施工图校对预埋件尺寸和位置，浇筑混凝土，养护与拆模，检查预埋件施工质量，修补处理等。

(四) 质量标准、检验方法

按装配式各种验收规范、施工技术指南等，所注明的包括检查，检验方法、频次等。

（五）安全注意事项

施工中应注意的安全事项（特殊工序、特种作业还应有专项施工技术方案和专项安全技术交底）。

（六）要求

交底人、复核人、接收人、日期（签名必须是本人手写）。

第二节
预埋吊点

吊装吊点设置是构件安装施工难点和重要关键环节，直接关系到构件安装成功与失败。

吊装吊点设置主要受构件几何尺寸及构件吊装角度影响，构件几何尺寸不同、构件吊装角度因结构形式及位置变化而不同。

一、吊钉

PLE（曙光）圆头吊钉系列符合国家制定的用于预制混凝土元件的吊钉系统，以及有关吊运安全条例，吊钉通过圆角把荷载转移至混凝土，从而用相对较短的吊钉也可以获得较高的允许荷载，即使在薄墙板中，荷载也能有效地传递至混凝土及钢筋上，由于吊钉的圆角对称形状，因此放置吊钉时不需要特殊的定位（见图3-3）。

圆头吊钉是由承重等级为1.3~32t，材料由各种高质棒材制作而成，如碳钢、不锈钢等。根据不同的用途，吊钉的长度也可以不同，较长的吊钉用于边缘间距小或低强度的混凝土吊装上。

为满足吊运安全，吊运过程中需注意对圆头吊钉进行改变和焊接都是严格禁止的。

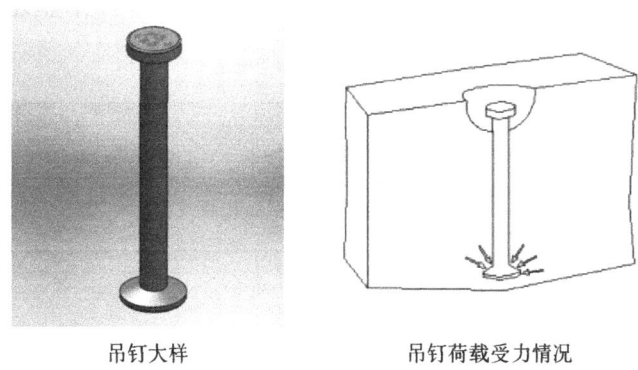

吊钉大样　　　　　　吊钉荷载受力情况

图 3-3　吊钉大样、吊钉荷载受力情况

二、吊钉位置布置

例如：本工程户型主要分为 C、D 户型，1#主楼由 C、D 户型组成，本次吊钉布置以 1#楼为参考依据，主要分析 C、D 户型内主要 PC 构件吊点布置。吊钉的布置原则为吊钉离混凝土一侧的最小距离（a_r）是吊钉长度（L）再加上吊钉到水泥面值的"s"的 3 倍 $= 3 \times (L+s)$。布置情况见图 3-4～图 3-12：

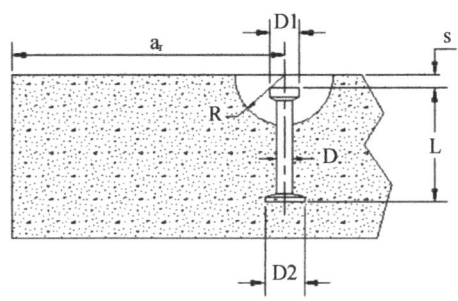

图 3-4　吊钉布置原则

第三章 预埋件施工

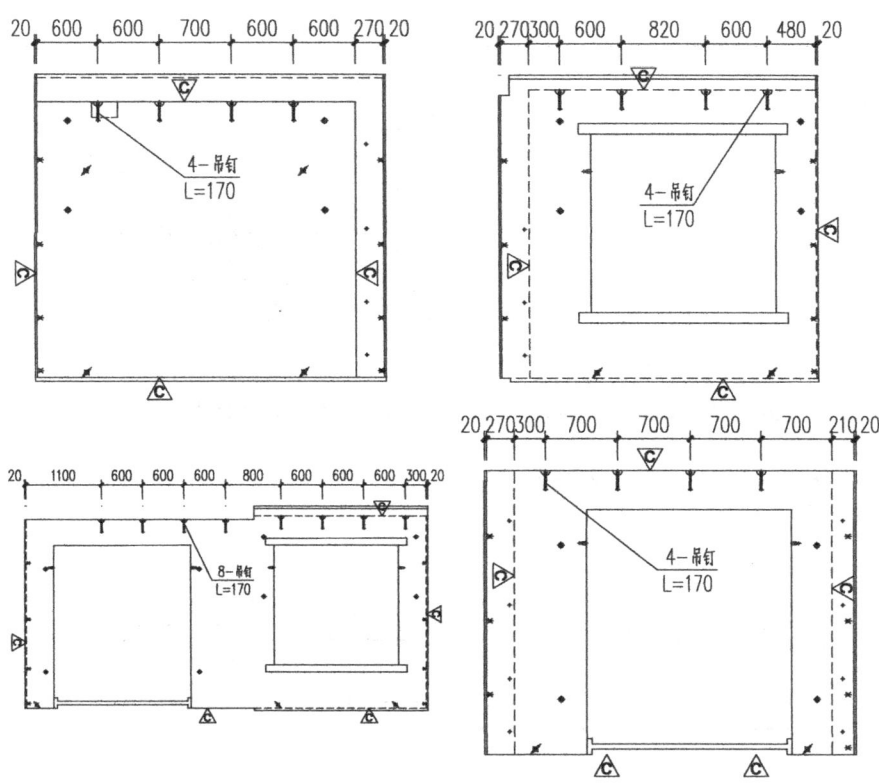

图 3-5 外墙板吊钉布置（图中尺寸单位除特殊说明外均为 mm）

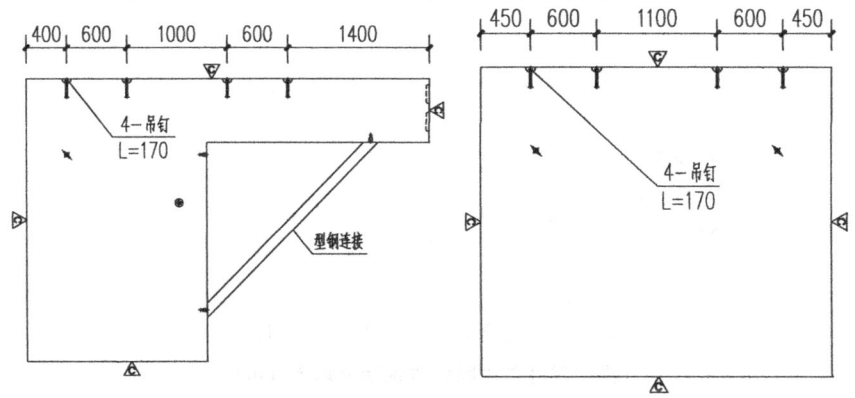

图 3-6 内墙板吊钉布置（图中尺寸单位除特殊说明外均为 mm）

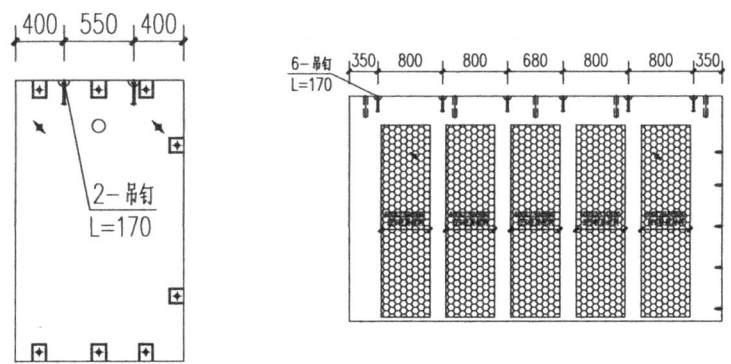

图 3-7 隔墙板吊钉布置（图中尺寸单位除特殊说明外均为 mm）

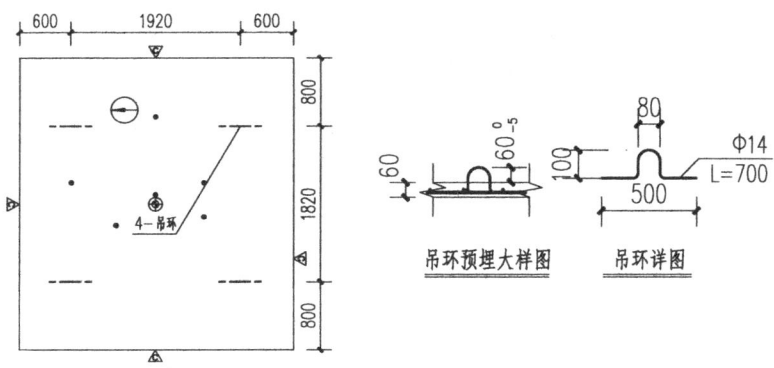

图 3-8 叠合板吊环布置（图中尺寸单位除特殊说明外均为 mm）

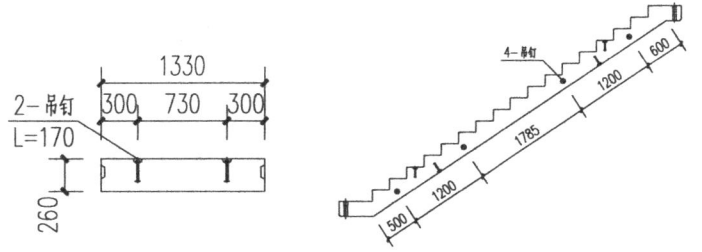

图 3-9 叠合梁吊钉、楼梯吊钉布置
（图中尺寸单位除特殊说明外均为 mm）

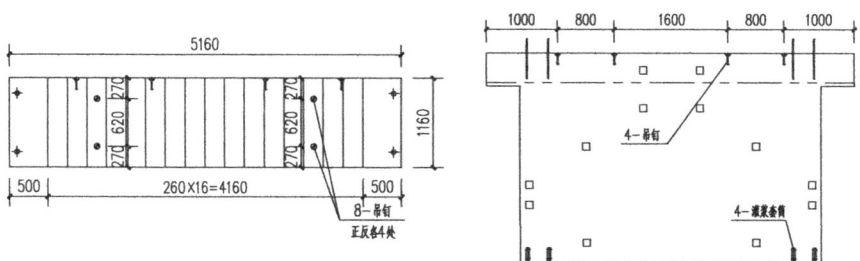

图 3-10 楼梯吊钉布置、楼梯间隔墙板（图中尺寸单位除特殊说明外均为 mm）

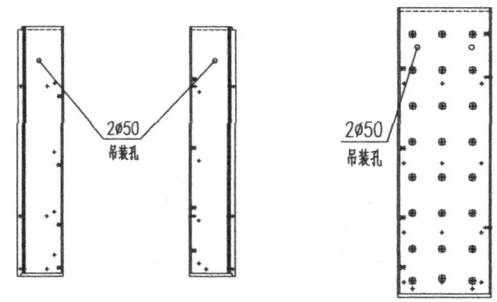

图 3-11 预制混凝土外墙构件吊点、支撑件预埋（图中尺寸单位除特殊说明外均为 mm）

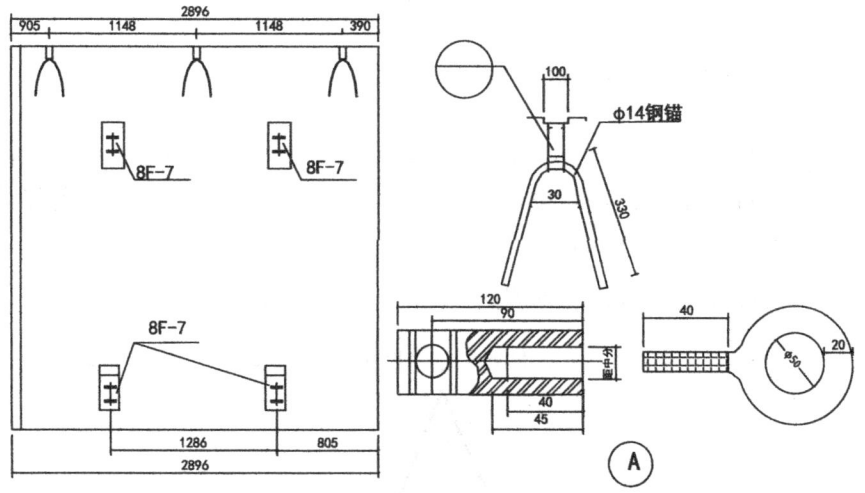

图 3-12 预制外墙模吊点（图中尺寸单位除特殊说明外均为 mm）

三、吊钉位置要点

(一) 吊点设置应避开难操作处

吊点的设置应简单并为制作和安装带来方便，避开工人难操作处或给吊具带来额外要求的地方。如图3-13所示，吊点设置在凹口处，一方面工人操作十分不便，另一方面导致起吊的吊绳要一长一短，吊绳还与构件磕碰，给安装带来很多不便。

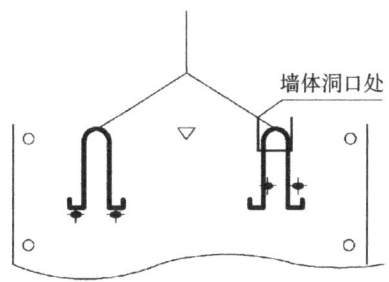

图3-13　吊点设置处不方便安装

(二) 叠合板吊点加强钢筋应加长

叠合板如将吊点设置在桁架钢筋上，通常做法是在吊点处增设280mm的附加钢筋，设计人员会直接套用，但遇到叠合板底部受力钢筋间距为150mm或以上时，会存在加强钢筋不能跟两头的受力钢筋绑扎的问题（见图3-14）。

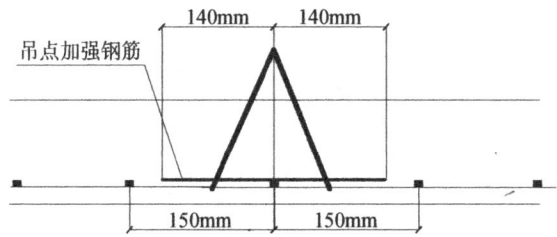

图3-14　叠合板吊点加强钢筋与受力钢筋不能搭接

预制构件吊点的设计,不仅关系到构件是否能正常制作、运输和安装,还关系到生产安全、生产便利的问题,所以设置的时候应结合构件的受力情况进行调整,吊点设置应结合构件的外形,达到简单、合理的目的。

第三节
预埋件、预埋螺栓、预埋管线节点施工要求

一、公共部位电气系统的节点要求

对于装配式住宅建筑而言,底层及标准层公共区域一般采用传统的建造模式,以现浇方式为主,套内建筑墙体及楼板才会以装配式预制构件为主。

总配电房、通信机房通常设置于底层,标准的楼层强弱电配电间设置于公共区域内。在此公共区域内敷设的水平电气管线宜在公共区域的吊顶内敷设,当受条件限制必须做暗敷设时,可敷设在现浇层内,以减少在预制构件中预埋大量电气管线。

对于竖向管线可集中敷设在预留的孔洞内,垂直电缆桥架及管线通过事先预留的孔洞明装,电气管线与结构体系脱离。

对于设置在公共区域内的需要穿越楼板引上及引下的照明及火灾自动报警系统管线,可将引上、引下配电管线预埋在现浇混凝土墙体内,以满足预制构件墙板预埋管线标准化要求,而不是预埋在预制墙板内。单元强弱电竖井布置见图3-15。

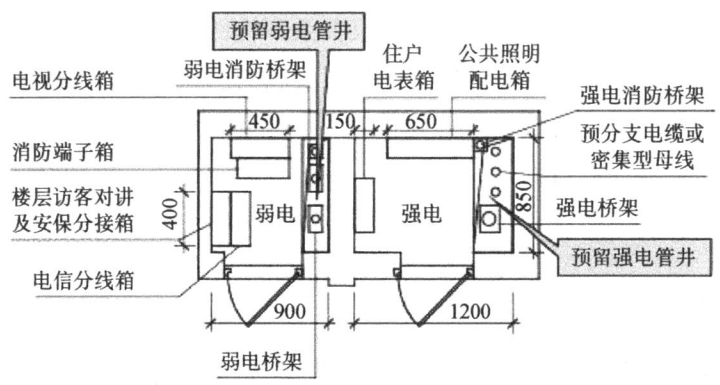

图 3-15 单元强弱电竖井布置（图中尺寸单位除特殊说明外均为 mm）

二、套内住宅电气预埋

通常电气配管敷设在工业化建筑体内主要有以下 3 种方式。

（一）PC 构件集成预埋

采用标准化预制构件生产技术，对预埋在预制混凝土墙体（PC 构件）内的电气配管进行标准化、模块化的设计，从而将其集成到建筑 PC 构件中。

工厂工人根据设计好的深化设计图纸，对预埋在 PC 构件内的电气配管及接线盒进行准确定位，并在 PC 构件板上预留出足够的操作空间，以降低施工人员对预埋在现浇层叠合楼板上的电气配管与预埋在 PC 构件内的电气配管直接对接的精度要求。

对于在叠合楼板内的电气配管预埋，由于叠合板底板上部现浇混凝土层厚度仅为 70mm 左右，在叠合板上可排布的配管空间有限，需要尽可能对强弱电预埋配管分层、错位布置，以减少管线二次交叉，避免出现管线三次交叉的情况，以免造成预埋配管外露。

安装在各单元客厅内的住户配电箱与信息配线箱分开、交错布置，在不影响结构安全的前提下都可以通过生产模具将强弱电箱体提前预制在 PC 构件墙体内。预埋在叠合楼板内的电气配管见图 3-16，配电箱安装在预制墙体内做法见图 3-17，配管预埋预留操作空间做法见图 3-18。

图 3-16　预埋在叠合楼板内的电气配管示意图

图 3-17　配电箱安装在预制墙体内做法示意图

图 3-18　配管预埋预留操作空间做法示意图

(二) 电气配管与建筑结构体系采用分离

主要利用建筑墙体与内装饰面之间的缝隙敷设电气配管，从而省去了在建筑结构体内预留预埋电气配管的过程，降低了建筑构造对各专业的配合度要求。

电气配管与结构体分离做法基本等同于传统的电气施工做法。只有少量预埋在现场叠合楼板现浇层内的照明灯具接线盒为了露出叠合楼板而需要采用深100mm的接线盒，接线盒的预埋位置还需要考虑结构安全，不能敷设在预制构件的接缝处。与配管预埋在预制墙体内敷设相比，通过采用分离结构设计的电气配管可以直接铺设在轻质隔墙中而不需要预制。电气接线盒及配管也不需要精确定位，能在不损伤结构的情况下自由改变、更换电气配管，可灵活应对不同的建筑装修风格设计需求。但由于电气配管需要在现场敷设施工而不能事先预制在构件内，标准化、模块化、装配率及生产施工效率都较低。电气配管安装在装饰面层墙体及面层地板内与结构体系分离的做法见图3-19。

图3-19 电气配管安装与结构体系分离做法示意图

(三) 采用集成楼盖（双层楼板）的电气配管技术

利用预制密肋板作为楼板结构受力体系，结构上下板和肋都采用预制，利用上下板之间的空腔安装机电管线，以达到装配建筑机电管线模块化、标准化设计要求（见图3-20）。

图 3-20　集成楼盖技术，机电管线集成在楼板内示意图

　　设备管线预埋在结构楼板空腔内的做法在国外已很普遍，也有成熟案例的应用，与国内目前普遍采用的预埋在现场叠合楼板二次现浇层上的电气配管技术相比，预埋在结构楼板空腔内的设备管线，可以在工厂内根据图纸进行模块化、标准化生产，运至施工现场后，可根据不同的组合在现场进行装配，从而减少了现场预埋湿作业的工作量。

　　预埋在结构楼板空腔内的管线可根据建筑构件形式组成不同的管线接口模块，各管线模块之间的连接通过管线接口技术在现场进行灵活组装，避免了传统预埋电气配管的施工做法，基本实现了电气配管与主体结构的分离设计，具有较高的灵活性和适用性。

第四节
预埋件就位

一、预埋件、预埋管道及预埋螺栓的定位

(一) 施工前准备

　　(1) 熟悉施工图纸，明确施工任务，编制详细的施工组织设

计，学习有关标准及施工规范。

（2）会同有关单位摸清施工范围内原有地下管线埋设情况，便于施工时采取保护措施，避免发生意外事故。

（3）施工人员进场搭建临时设施，对测量仪器和水准仪、经纬仪、钢尺进行校核。完成轴线测量放线及复查，根据施工图纸要求，用经纬仪放置管线中心线，同时定出预埋套管作业带开挖边线和堆土区位置。

（4）按照施工需要加密控制网，为保护控制网的可靠性，应做好保护桩。主控点（或保护桩）均应稳固可靠，保留至工程结束。为防止差错，对主控制点等重要标志至少由二组相互检查核对，并做好测量和检查核对记录。

（二）预埋件的定位

在土建施工中穿插进行预埋件预埋，主要采用全站仪坐标定位法进行埋件的安装施工，混凝土梁上部钢筋如遇到钢柱时，截断钢筋并用套筒与钢柱连接。

在设计图纸上根据各预埋件的结构中线确定 YK_1、YK_2、YK_3 的位置（见图3-21），获得其坐标值，在预埋件上做出 YK_1、YK_2、YK_3 的标志。用全站仪极坐标法线定位 YK_1 点，确定预埋件的中点位置，再用同样的方法测定 YK_2、YK_3 的位置，控制预埋件的轴线方向。

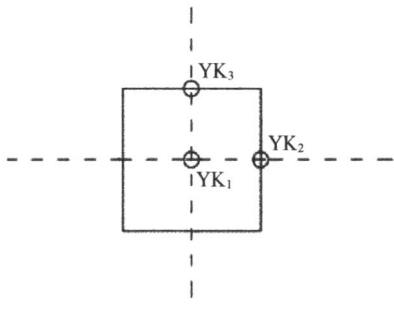

图3-21 预埋件中线控制点

全站仪定位法测设的预埋件位置偏移量允许值为15mm（《钢

结构工程施工质量验收规范》GB 50205—2020)。

钢梁与混凝土连接埋件安装施工时,采用水准仪对其进行高程控制,直接测得预埋件面的标高,并应尽量减少水准仪的传递误差和多次读数的偶然误差。预埋件的标高允许偏差为3.0mm(《钢结构工程施工质量验收规范》GB 50205—2020)。

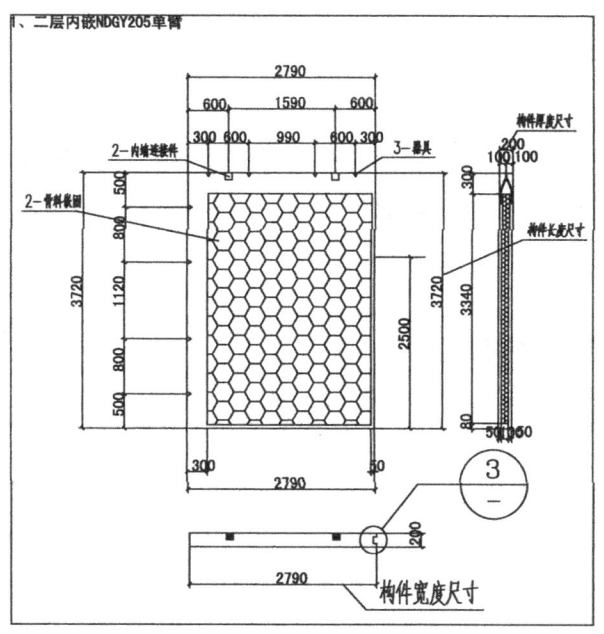

图3-22 预埋件位置(图中尺寸单位除特殊说明外均为mm)

将螺栓的纵横轴线位置按照设计图纸尺寸弹线在垫层表面,在基础外侧引测轴线桩,并将轴线引测到基础外侧模板上进行标识,采用在模板表面用钢锯条或刀片在模板内侧划出竖向垂直划痕,用红(或黄)色油漆标明埋件号,埋件编号亦用同样方法在模板上标识。

(三)预埋螺栓的定位控制

(1)预理螺栓定位时,如若从第一条轴线量测到最后一条轴线,容易产生累计误差。应从中轴开始往两边分进行测量放线。

(2)设备基础预埋螺栓组轴线间距尺寸应严格按设计要求定位。

(3) 预埋螺栓组采用定位钢套板紧固定位,确保每组中的各预埋螺栓的间距尺寸、垂直度、预埋深度、外露丝口长度。

(4) 预埋地脚螺栓尽量不与地梁钢筋焊接在一起,另设置一套独立的固定系统,井字型钢管固定。混凝土浇灌完成后要立即进行复测,发现偏差及时处理。

(5) 施工作业人员在安装地脚螺栓前,要接受现场施工技术人员技术交底。

(6) 地脚螺栓安装的允许偏差依据规范要求如下:

①螺栓中心距(在顶部和根部两处测量): ±2.0mm;

②螺栓中心对基础轴线距离: ±2.0mm;

③顶端标高: ±20mm。

二、预埋管道的定位

(一) 技术要求

装配式结构的预制墙体、预制 PC 板上的给排水洞口预留,应按给排水设计图纸并结合工厂的工艺图纸进行预制时预留洞口。首先要熟悉图纸,其次对管道进行合理地排布使其美观整齐。

套管在预制 PC 板时按照图纸要求的位置准确无误,划线定位固定套管,确保套管管底平齐、垂直无倾斜,套管在预制墙体内时,应在建筑结构施工 500mm 确定以后,按设计标高划线定位,放置套管复核标高,待标高跟设计吻合时固定并加固牢靠后封堵洞口;现场施工是对预制外墙板内的冷凝水洞孔续接、预制叠合梁给水管道的洞预留套管和预制板(PC 板)排水洞口的续留工作。

(二) 线盒预埋的定位

预制墙体/构件内的插座盒、开关盒及管路在工厂预留完成并预留接口,工厂预制加工与现场预埋施工一样,待结构 50 线确定以后将墙体内的线盒按图纸设计的标高将接线盒固定在墙体内的钢筋上并固定牢靠,线管按要求排布、固定牢靠并管口做好封堵,且在墙体根部有预留管路连接孔洞。现场施工的预埋线管应严格按照图纸设计的管线走向及管线末端,不应随意更改管线走向及末端插座盒和过度插座盒的位置,若更改管线走向会影响预制墙和预制板上的管线走向,给施工带来诸多不便。墙体内的线盒位置应按图纸设计的位置预留,否则预制墙体吊装时就会存在地面管口和墙体内的管口连接时冲突,影响后期施工。

预制楼板/PC 板在工厂加工时对灯位盒(接线盒)定位、划线、固定,做好接线盒管口预留并封堵好。电气线管穿过预制梁时,在预制梁内预留线管过梁套管。施工现场是对 PC 板内预留接线盒到预制墙体接线盒预留管口,以及各个接线盒之间的管路连通工作。

三、预埋件、预埋管道及预埋螺栓安装方法及质量控制标准

(一)预埋件

(1)地脚螺栓安装前,首先对每一小组螺栓以 4(6)根进行整体化,即在螺栓根部及 -0.4m 左右处套一根 Φ10 箍筋,在螺栓头部用预先精确打孔的模板套住,将模板校核水平,并且用上下螺母拧紧夹住模板。螺栓下部水平要在同一平面上,螺栓与箍筋点焊固定,形成螺栓笼,将箍筋及螺栓模板均划出双向轴线(中心线),并应重合。

(2)在基础底板下层双向主筋安装绑扎完成后,按照埋件位置逐组进行螺栓安排,螺栓的双向轴线与垫层及模板上的双向轴线吻合后,用 Φ20 钢筋成"八"字式在四角做 45°斜撑,斜撑的上部与螺栓焊接固定、下部与底板主筋焊接固定。每组螺栓,用带孔模板或木方连成整体并复核准确。分组螺栓安装校检合格后,由班组技术员对照施工图进行拉线及尺量检查、校正、验收。分组螺栓安装校检合格后,再对所有螺栓进行整体复验、校核。在复验校核过程中,若发现超标偏差,必须及时校正。预埋螺栓校验完成后,报项目部质检专工及监理部复查合格批准后,进行开盘鉴定及签发混凝土浇筑申请单,

进行第一施工混凝土浇筑。第二施工段按同样操作程序进行施工。

（3）上部 HM 型钢及 22 厚钢板整体埋件，在第一次混凝土浇筑完成后进行安装，测定钢板轴线及标高，用螺母调平，表面标高误差在 2mm 内，检修箱基础的 4 块 M-2 铁件安装较容易，但必须严格控制顶面标高、平整度及轴线位置。

（4）电缆沟顶部镀锌角钢预埋，在电缆沟侧模内测出角钢上表面的标高，标于模板上，水平点布置约 800~1000mm 设一点。后用木螺丝穿过角钢上预先打好的孔，按已抄水平将其固定于模板上。

（5）基础在第一次混凝土浇筑结束后，应由技术人员进行二次埋件的弹线，应由基础外的轴线桩测出每组埋件的中心线，重点复核埋件的相对位置及整组埋件的相对位置。同时弹线后，预埋螺栓是否在浇筑中跑位，班组技术人员要进行复核、调整。完成后再由项目部质检专责和监理部进行检查。

（二）预埋螺栓

（1）地脚螺栓、螺母和螺栓锚板若设计对材质没有要求时，应与设计明确材料后制作。

（2）地脚螺栓与螺母必须配套加工，配合使用，松紧适度，没有乱扣、缺丝、裂纹等缺陷。本工程按设计要求，地脚螺栓采用直钩式和锚板式两种（见图 3-23）。

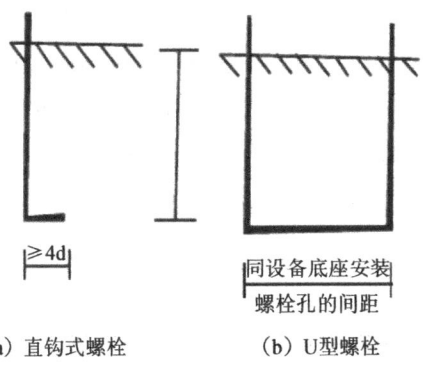

图 3-23 预埋螺栓示意图

①直钩式与 U 型螺栓的埋深不得小于螺栓直径 20 倍，直钩长度不得小于螺栓直径的 4 倍，U 型螺栓的中心距离应与设备底座安装螺栓孔的中心距一致。

②爪式螺栓的爪肢截面积总和不宜小于螺栓截面积的 2/3，应焊接在螺栓下端，且均匀分布。

③板式螺栓的锚板厚度不宜小于 8mm，平面尺寸不宜小于 80×80mm。锚板式地脚螺栓预埋深度不小于螺栓直径的 15 倍。

（3）现浇部位预埋螺栓预留：

①墙板斜支撑埋件在现浇板上的位置根据墙板预埋件位置确定，预埋螺栓固定可采用预埋螺栓与附加钢筋焊接固定，螺栓预埋时保证浇筑完楼板混凝土时螺栓外露不少于 40mm。并且螺栓在预埋定位前，必须用胶带将预埋螺栓螺纹缠裹好，保证在浇筑混凝土不污染螺栓螺纹。

②也可在后期安装前采用膨胀螺栓，但需保证螺栓的锚固强度及定位尺寸。楼梯处预埋角钢及其他连接处预埋件，需安装前对位置二次确定，且安装前对需要焊接的埋件进行清理。

（三）采暖通风专业预埋

现阶段供暖系统主要为散热器供暖及热水地板辐射供暖两种方式。且管线及设备均安装到位。

1. 采用散热器供暖

一般情况下，为保证供暖效果，散热器宜在外墙安装。装配式剪力墙住宅建筑的外墙一般采用预制夹芯保温外墙板，无法现场打孔，所以预制外墙上安装的散热器支托架螺栓，必须在工厂预留好。由于不同形式的散热器或同一形式不同片数散热器支托架位置都有所不同，从而增加了预制板的规格数量，基于上述原因，现有预制装配式住宅很少采用散热器供暖的方式。统一预制板的规格，可以使预制装配式住宅选择散热器供暖形式不再受限。

在设计过程中，根据不同形式的散热器或同一形式不同片数散热器支托架位置,可以总结出一定的设置规律,通过适当增加预埋螺栓孔的数量,从而统一预制板的规格,使预制墙板标准化。

图 3-24 为目前住宅常用三种散热器在客厅外墙上布置图,对于 1800mm 高的柱形钢管散热器最少 3 个,最多 8 个螺栓可满足 4~9 片散热器托架要求;对于铜铝复合散热器 502 系列由于单片散热量较大,最少 3 个,最多 5 个螺栓就可以满足要求。

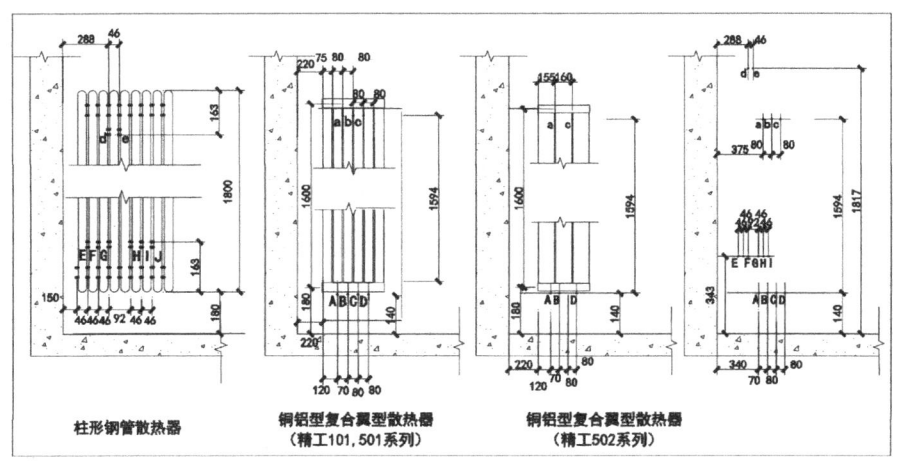

图 3-24 住宅常用三种散热器在客厅外墙上布置图
(图中尺寸单位除特殊说明外均为 mm)

对于预制装配式住宅,业主最好能在预制板加工前确定散热器形式,每一种外墙可以按照最多散热器数量预留螺栓,从而有效地减少了预制板数量,降低了造价。

2. 采用热水地板辐射供暖

热水地板辐射供暖从安装方式上主要有混凝土填充式、预置沟槽保温板及预置轻薄供暖板。混凝土填充式,是用水泥砂浆或豆石混凝土作为固定加热管的填充层,虽未埋设在结构层内,但现场填充,仍为湿法施工,与装配式建筑理念不符,但由于价格便宜,目前应用较多。

预置沟槽保温板及预置轻薄供暖板均为工厂预制,按一定的模数制成板块，现场拼装。这两种干式地暖安装方式体现了装配式建筑的节材、降低现场扬尘及提高安装效率的特点，是装配式建筑应提倡和推广的技术。

(四) 电气专业预埋

1. 电气专业预埋分类

电气专业预埋可分为工厂内预埋及现场接续预埋两种情况。

（1）工厂的预留预埋工作：

工厂预制时预留预埋墙体/构件内的插座盒、开关盒及管路，以及楼板/PC 板内的接线盒（见图 3 - 25 ~ 图 3 - 29）。

图 3 - 25 预制墙体内的线盒及线管示意图

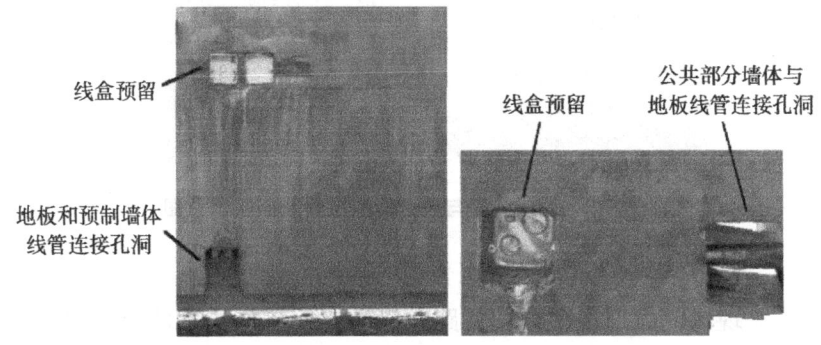

图 3 - 26 预制墙内的线盒及连接点的预留孔洞

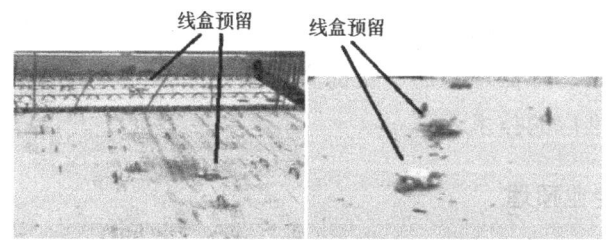

图 3-27 预制顶板内的线盒预留

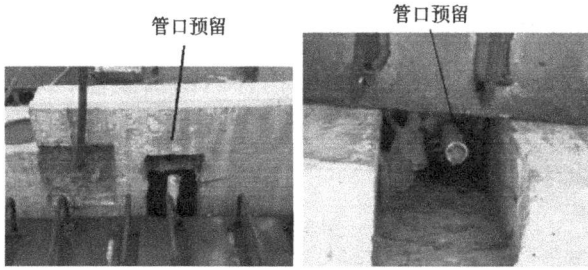

图 3-28 外墙挂板内的线管管口预留

图 3-29 外墙管路与平台现浇层管路连接示意图

(2) 现场的预留预埋工作：

现场完成现浇平台内管路敷设和连接工作：外墙板处线管预留口和顶板预留接线盒连接，顶板线盒预留接口之间的连接（见图 3-30、图 3-31）。

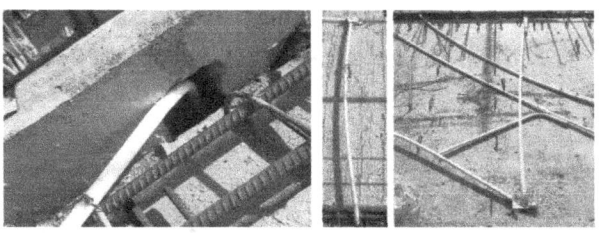

图 3-30　外墙板线管预留口和顶板预留接线盒连接

图 3-31　顶板预留接线盒之间连接

2. 电气预留预埋主要方法

（1）点位预留：

为方便和规范构件制作，在预制件中预留的箱体、接线盒应遵照预制件的模数，在预制构件上准确和标准化定位。在预制墙体上设置的插座、开关、弱电设备、消防设备等需要在设计阶段提前预留接线盒，这里采用标准的 86 型接线盒为宜。另外，叠合楼板内的照明灯具、消防探测器等设备需要预留深型接线盒，以便与叠合楼板现浇层内的管线相连接（见图 3-32），接线盒的具体位置应先由电气专业做初步定位，再由结构专业做精确定位。

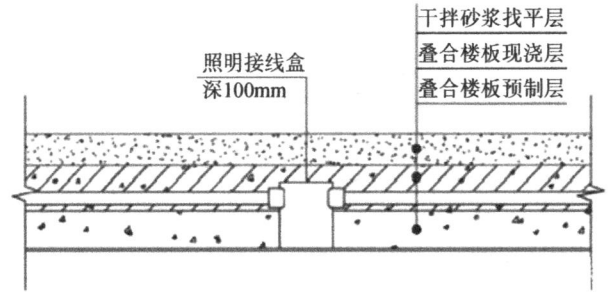

图 3-32 叠合楼板内接线盒预留做法

(2) 点位综合：

电气专业系统众多，每个系统都有单独的一套图纸，为确保预制件中的设备点位齐全，避免在施工现场进行剔凿、切割时伤及预制构件，应将各系统所需的预留孔洞、预埋件综合在一张图纸上，方便查漏补缺的同时也便于检查各个系统间的设备点位是否存在冲突、管线路径是否重合，在设计阶段能够及时发现问题并将其解决。

强电插座、弱电插座、开关、灯具设计时应标注定位尺寸及安装高度，标明敷设方式，强电插座、弱电插座、开关不应设在预制板与剪力墙接缝处。开关插座各回路应标明敷设方式，部分管线段敷设方式不一致时，应分别标明该段敷设方式。

电热水器插座、燃气热水器插座、洗衣机插座、空调插座的定位应预留合理的使用空间，避免与其他专业的管道、孔洞相互干扰。

(3) 线管预埋的敷设位置：

照明线盒及消防线预埋在 PC 预制层内，施工现场根据设计要求进行分层分布式预埋（见图 3-33）变动性小的系统，照明线盒、消防线盒在叠合预制层预埋；变动性比较大的系统，照明线管、消防线管、空调插座及厨卫插座线管在叠合现浇层预埋；变动性最大的系统，网络、电视、电话线管及普通插座线管在找平装修层预埋。

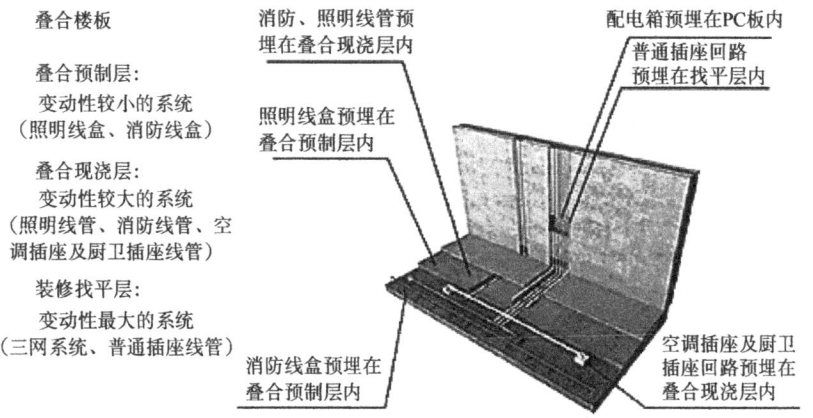

图3-33 分层分布预埋

（4）线管预留孔的位置及尺寸：

线管及桥架需要竖向或横向穿越墙板时，应根据线管及桥架的标高及水平位置定位开孔尺寸，给水管道的预留开孔尺寸应大于实际管径50mm，桥架的预留的开孔尺寸应大于实际桥架截面尺寸100mm，确保有足够的安装空间。

（5）预制构件中的管线预埋：

混凝土结构装配式建筑中，电气竖向管线宜集中敷设，满足维修更换的需要；钢结构装配式建筑中无须穿钢梁的竖向管线宜集中敷设，必须穿钢梁的竖向管线宜分散敷设以确保结构的安全性。

此外，钢结构装配式建筑应尽量避免竖向管线穿越钢梁及在有梁处布置需要由顶板敷设至墙面的管线。公共区域应尽量选用灯头自带声光控开关的灯具，声光警报器、应急广播尽量选用吸顶安装的方式，另外可通过电井内明敷的方式减少穿钢梁的暗埋管线。

①户控箱及多媒体箱：户控箱及多媒体箱设计在PC墙板上时，应随PC墙板生产同步在工厂预埋，当户控箱、多媒体箱的出现管及进线管超4根时，应与墙面平行敷设，当户控箱及多媒体箱预埋在同一预制构件中时，在不影响构建强度的原则下，箱体应垂直错位布置（见图3-34）。

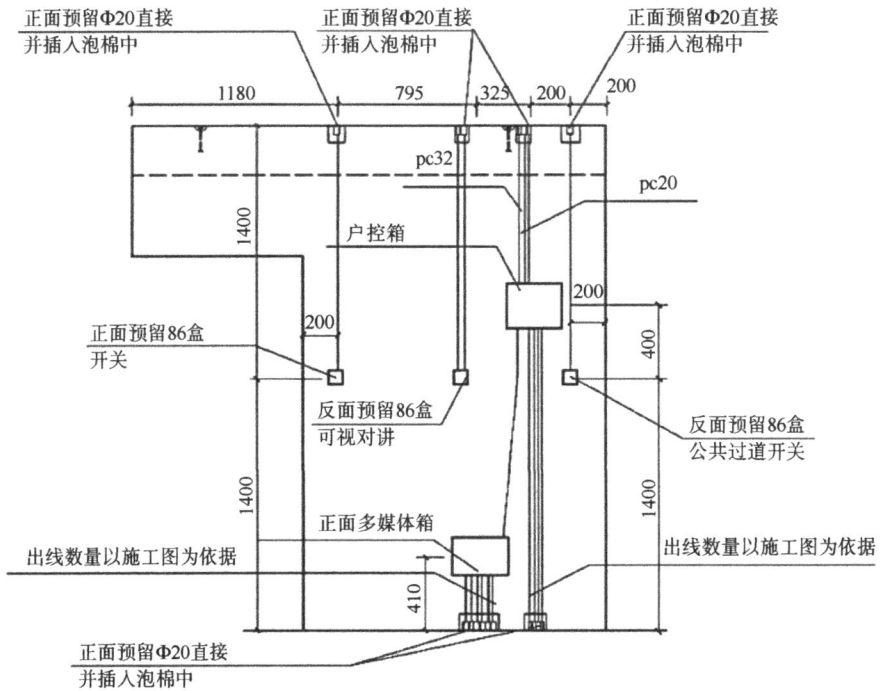

图 3-34 箱盒定位（图中尺寸单位除特殊说明外均为 mm）

②线管与线盒及箱体的对接：线盒及强、弱电箱须严格按照定位尺寸及标高进行安装，应做到一孔一管一锁母，并且线盒电箱应要做到横平竖直（见图 3-35、图 3-36）。

图 3-35 墙面线盒的安装标准

图 3-36　配电箱安装标准

③轻质隔墙的管线预埋：预埋线管与线盒及箱体利用锁母固定，应做到一孔一管一锁母，竖向预埋线管与横向预埋线管通过直接进行连接（见图 3-37）。

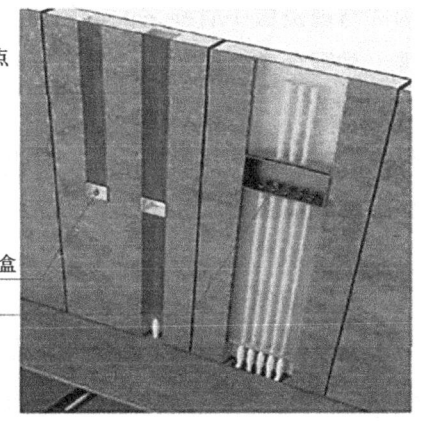

预制轻质隔墙（后装）
具有开槽容易、布线灵活、便于施工等优点

轻质内隔墙内预埋线管及线盒
轻质内隔墙内预埋配电箱

图 3-37　预制轻质隔墙中的管线及箱盒预埋

3. 管线综合预留预埋

（1）管线预留：

设备管线应进行综合设计，减少平面交叉，由于装配式建筑的特殊形式，其内部的管道综合尤为重要。当水平管线必须暗敷时，应敷设于叠合楼板的现浇层内，采用包含 BIM 技术在内的多种手段开展三维管线综合设计,避免在同一地点出现多根电气管线交叉敷设的现象。

混凝土结构装配式建筑中,电气竖向管线宜集中敷设,满足维修更换的需要;钢结构装配式建筑中无须穿钢梁的竖向管线宜集中敷设,必须穿钢梁的竖向管线宜分散敷设以确保结构的安全性。

此外,钢结构装配式建筑应尽量避免竖向管线穿越钢梁及在有梁处布置需要由顶板敷设至墙面的管线。公共区域应尽量选用灯头自带声光控开关的灯具,声光警报器、应急广播尽量选用吸顶安装的方式,另外可通过电井内明敷的方式减少穿钢梁的暗埋管线。

(2) 管线衔接:

管线间的衔接十分关键,主要分为预制构件之间的管线及预制构件与现浇层中管线之间的衔接,若连接不好,轻则影响建筑的美观,重则会破坏结构的墙体以及梁板。

预制墙内的管线与现浇层内管线连接一般有向上接及向下接两种方式。依据管线最短原则,距地面近的插座等可采用向下与现浇层内管线连接;距楼面近的开关等可采用向上与现浇层内管线连接的方法。

需要特别注意的是,预制墙内预埋线路与现浇相应线路连接时,墙面预埋盒上(下)应预留接线空间,一般为 $150 \times 150 \times 80mm$(宽×高×深),连接后用混凝土浇筑。

对于插座、户内配电(线)箱等,由于管线是由设备向下敷设至本层楼板内的现浇层,与现浇层内的水平管线连接以确保管线之间能够顺利连接,所以通常在预制墙体下方的连接处留有管线连接孔洞(见图 3-38)。

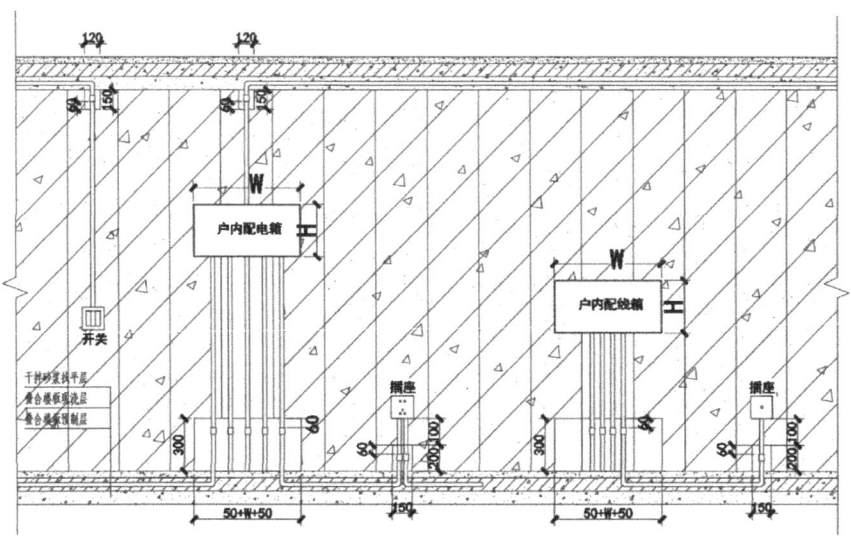

图3-38 管线连接预留孔洞（1）（图中尺寸单位除特殊说明外均为mm）

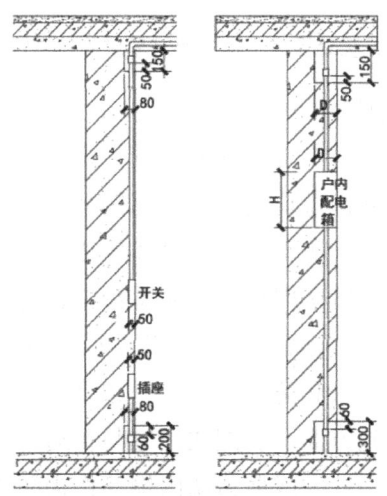

图3-38 管线连接预留孔洞（2）（图中尺寸单位除特殊说明外均为mm）

对于户内的照明开关、公共区域的手动报警按钮和消火栓按钮、安全出口指示灯具等设备管线需要与上一层叠合板现浇层内的水平管线连接，通常在预制墙体上方的连接处留有管线连接孔洞。

由于向上敷设管线可能需要穿结构梁，因此预制混凝土结构梁应提前在叠合梁中预留管线；钢结构梁需提前预留孔洞（预留位置不应影响结构安全），以便于预制墙体中的竖向管线连接（见图3-39）。

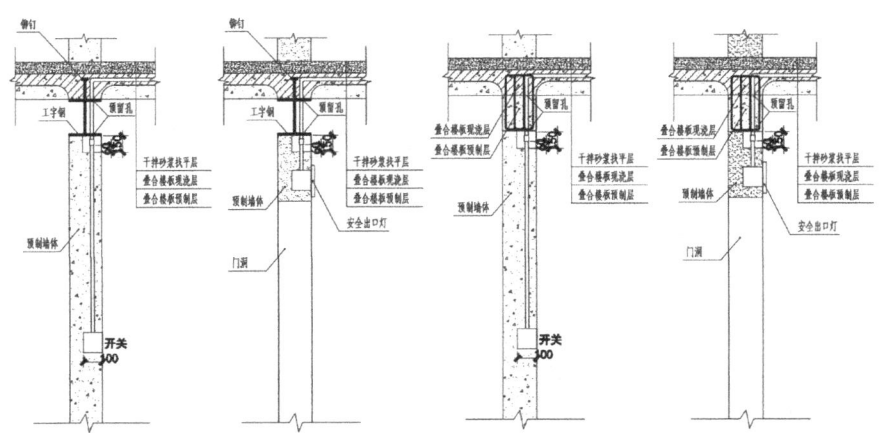

图3-39 管线穿梁处连接（图中尺寸单位除特殊说明外均为mm）

4. 防雷与接地

装配式住宅的防雷等级划分原则、防雷措施以及接地做法等与非装配式住宅相同，且均是优先利用钢筋混凝土中的钢筋作为防雷装置，区别主要在于防雷接地的具体做法。住宅的防雷设计首先要确定防雷等级，然后采取相应的防雷措施，防雷措施又分为外部防雷措施（直击雷、侧击雷）、内部防雷措施（防闪电感应、防反击以及防闪电电涌侵入和防生命危险）以及防雷击电磁脉冲。

防直击雷措施方面，装配式住宅与普通住宅相同，均是在屋顶设置接闪器，利用柱内或剪力墙内钢筋作为防雷引下线，借用建筑物基础内的钢筋作为接地极，其中接闪器以及接地极的做法相同，主要的差异在于防雷引下线的做法：对于钢结构形式的装配式住宅，可以利用钢结构中的钢柱作为防雷引下线；对于混凝土结构的装配式住宅，可以采用预制混凝土结构柱或剪力墙内满足防雷要求的钢筋作为防雷引下线，并确保接闪器、引下线及接地极之间通长、可靠的连接。

装配整体式框架结构中，框架柱的纵筋连接宜采用套筒灌浆连接；装配式整体剪力墙结构中，预制剪力墙竖向钢筋的连接可根据不同部位，分别采用套筒灌浆连接、浆锚搭接连接。套筒灌浆连接与浆锚搭接连接做法大同小异，即一侧柱体端部为钢套筒，另一侧柱体端部为钢筋，钢筋插入套筒后注浆，钢筋与套筒之间隔着混凝土砂浆。由于钢筋之间不连续，不能满足电气贯通的要求，因此，若采用实体柱内的钢筋作为防雷引下线，同时连接处采用套筒灌浆连接或浆锚搭接连接，则连接处需采用同等截面积的钢筋进行跨接，以达到电气贯通的目的，具体做法详见图3-40。

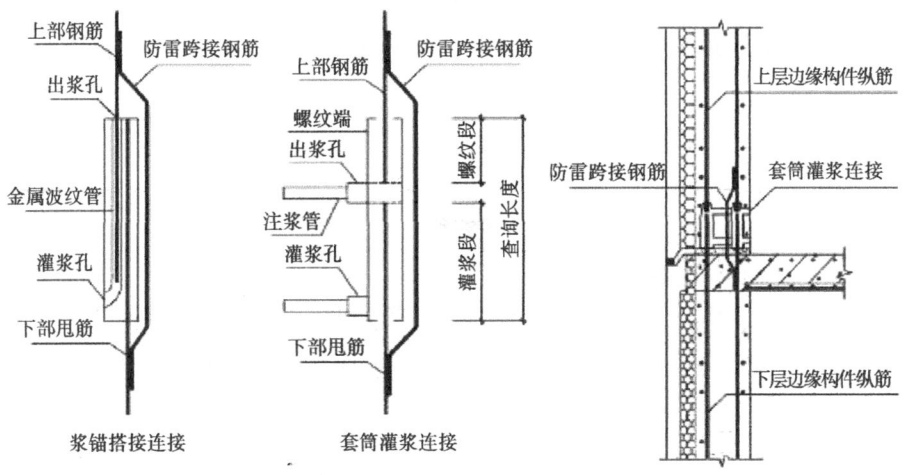

图3-40 防雷跨接

在防侧击雷措施方面，装配式住宅防侧击雷的设计难点在于均压环和外墙上的栏杆、门窗以及太阳能热水器、太阳能面板等较大金属物防雷接地的做法：普通住宅一般采用结构圈梁内满足防雷要求的主筋可靠连接作为均压环；混凝土结构装配式住宅的结构梁一般采用叠合梁，可以利用叠合梁（圈梁）现浇层中满足防雷要求的主筋可靠连接作为均压环；钢结构装配式住宅的圈梁为钢结构且施工时均可靠连接，可以直接利用每层的钢结构圈梁作为均压环。

(五) 给、排水管线

1. 排水管线

预留预埋是给排水专业在主体结构施工过程中的工作重点，它主要包括地下室、屋面防水套管及穿墙套管、卫生洁具排水预留洞、管道穿楼板孔洞、设备基础预留孔洞及预埋件等。鉴于预留预埋准确与否对整个安装工程至关重要，认真熟悉施工图纸、结合现场测绘草图，找出所有预埋预留点并统编号，同时与其他专业沟通，以避免今后安装有冲突、交叉打架现象发生，减少不必要的返工。

（1）工厂的预留预埋工作：

工厂预制时仅预留给排水洞口情况见图 3-41 ~ 图 3-46。

图 3-41　平台预制板上预留洞示意图

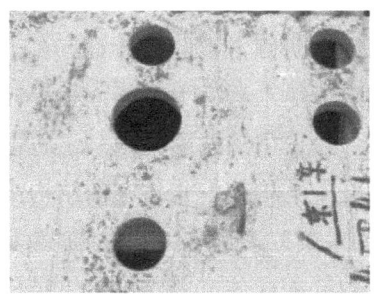 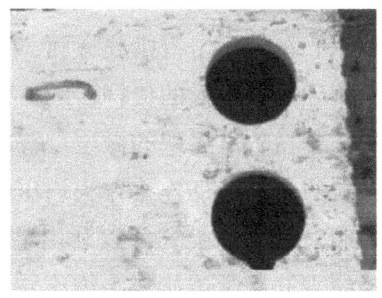

图 3-42　管道井内给排水洞口预留　　图 3-43　公共部分消防管道洞预留

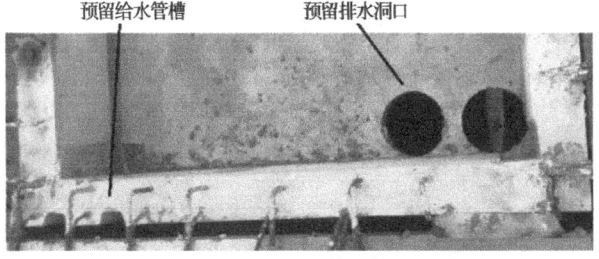

图3-44 沉箱式卫生间给排水洞口预留

图3-45 阳台排水洞口预留

图3-46 空调整板排水洞口预留

(2) 现场的预留预埋工作:

现场是基于预制板上的预留洞口位置,用套管续留(见图3-47~图3-49)。

图3-47 管道井内给水套管预留

图3-48 公区消防给水套管预留

图3-49 阳台排水管预留

按标准图集（98S图集）加工制作防水套管、穿墙套管，套管管径及长度按结构施工图尺寸确定，套管预留时通常用比通过管管径大1号至2号的套管预留。套管管径参照下列标准执行（见表3-1）：

表3-1　　　　　　　　　套管管径标准

管径	DN50	DN75-DN100	DN125-DN150	DN200-DN250
留洞尺寸（mm）	150×150	200×200	250×250	350×350
防水套管	¢114	¢114-159	¢180-219	¢273-325

注：保温管道应按保温管道外径考虑。

穿楼板套管上端应高出地面20mm，卫生间穿楼板套管上端应高出地面50mm，过墙部分与墙饰面相平。穿防水楼面应作防水处理。

当预留孔洞不能适应工程安装需要时，应告知土建需进行机械或手工打孔，并对空洞进行处理。

穿墙套管安装：土建专业在砌筑隔墙时，按专业施工图标高、几何尺寸将套管置于隔墙中，用砌块找平找正后用砂浆固定，然后交给土建队伍继续施工。

穿剪力墙钢套管安装：在钢筋绑扎好后，按照专业施工图确定好套管的标高和几何尺寸放置钢套管，找准确切位置后焊牢在周围钢筋上，如果需要气割钢筋安装的，安装完成后须与土建对接用加强筋加固，并做好防堵工作。

穿楼板孔洞预留：预留孔洞根据尺寸做好木盒子或钢套管，确定位置后预埋，待浇筑混凝土初凝后取出即可。

穿地下室外墙时预埋钢性防水套管，穿水池壁时预埋柔性防水套管。

通风管道断面尺寸较大，模盒预制过程中应特别注意加固措施。土建图纸上已对通风管道孔洞作出相应的结构设计处理，在土建施工前通风空调专业工长应再次核对专业图纸，确保无遗漏，无位置尺寸及标注上的错误。留洞应在土建砌筑过程中及时配合预留。

预埋件位置固定是预埋件施工中的一个重要环节，预埋件所处的位置不同，其选用的有效固定方法也不同，主要按以下方式固定：

①尺寸较小的预埋件，可直接绑扎或用钢筋等焊接在主筋上，但绑扎需牢固，如有条件，需在浇筑混凝土过程中，随时观察其位置情况，以便出现问题后及时解决。

②预埋件尺寸不大时，可采用 U 型、#型卡扣钢筋固定并焊接，锚固筋与结构钢筋骨架焊接牢固，同时在相应位置增加保护层垫块的数量，保证钢筋骨架不因混凝土振捣而移位。

③尺寸较大的预埋件施工时，除用锚筋固定外，还要在适当位置点焊短钢筋与主筋连接，以防止预埋件位移，必要时在锚板上钻孔排气。

④预埋件距混凝土表面浅且面积较小时，可利用螺栓紧固卡子使预埋件贴紧模板，成型后再拆除卡子。

⑤预埋件固定位置的要求预埋件不得与主筋相碰，位置偏差应符合规定。

⑥预埋件需根据图纸标高控制线进行定位，确保埋件安装的准确性。

⑦带止水溢环的钢套管预埋穿楼板的钢套管应在 PC 预制时预

埋到位，需严格按照定位尺寸进行安装（见图3-50）。

图3-50　带止水环的钢套管预埋

⑧带止水溢环的安装：当卫生间、厨房、阳台、空调板排水立管采用带止水环的PVC套管时，应在PC预制时预埋到位，现场安装排水立管时直接进行对接（见图3-51）。

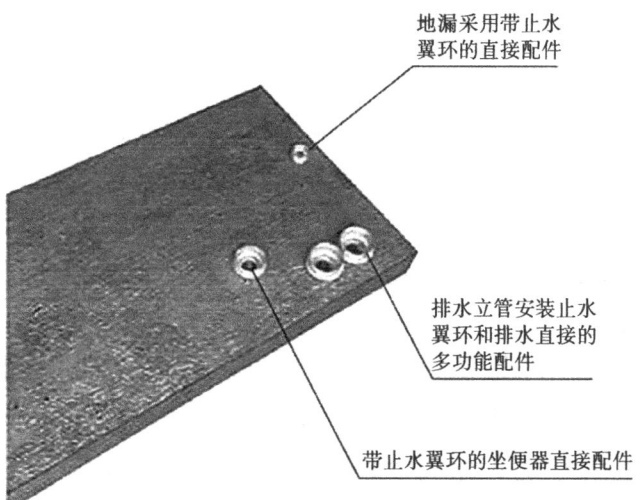

图3-51　带止水环的PVC套管预埋

⑨预制梁中钢套管的安装：当管道穿预制梁需加钢套管时，应避开钢筋并回筋加固（见图3-52）。

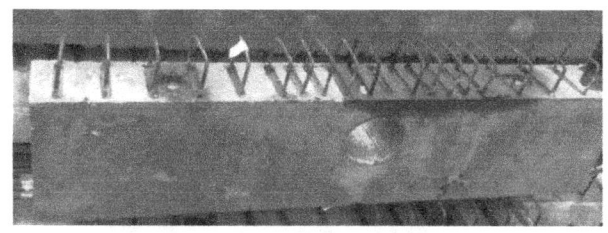

图 3-52　预制梁中钢套管的安装

住宅产业化的要求和建筑技术的提高,使卫生间同层排水技术得到了一定的发展。但在现阶段毛坯房卫生间设计基本上仍沿用了异层排水的形式,原因是毛坯房交房时卫生洁具无法安装到位,即使是安装到位的简装房,卫生洁具采购的也是市面上价格较便宜的产品,而同层排水对洁具及管道都有特殊的要求,价格也相对要高。

为减少不同形式预制板数量,节约成本,装配式住宅卫生间等管线较多区域一般采用现浇楼板,现场定位。当采用叠合楼板时,设计人员则要在图纸上精确定位每一个排水管孔洞。在加工厂内要根据准确定位的设计图纸将每一个排水点在预制叠合板上进行留洞,在施工现场现浇层内对照原先预留好的预留洞口,进行同样规格的二次留洞,预留洞孔径一般比排水管道外径大 50~100mm。

2. 给水管线

毛坯房给水管的敷设方式主要有沿室内楼板下明装敷设、在楼(地)面的垫层内敷设或沿墙在管槽内敷设。

在我国北方地区,由于做地板采暖需一定厚度的垫层,所以给水管一般与采暖管一起敷设在垫层内;南方地区则多明装在楼板下,由住户二次装修时处理。接给水点的垂直管线一般均为暗装,需在墙板上预留出至少 60×40mm(宽×深)的墙槽,这对于预制剪力墙是很难实现的(见图 3-53)。

图 3-53 为某项目一块预制剪力墙开墙槽的设计图,图中两对墙槽,左侧为 1.2m 高的燃气热水器冷热水管预留墙槽,右侧为 0.55m 高的洗菜盆冷热水管预留墙槽。预制墙体厚度为 200mm,墙

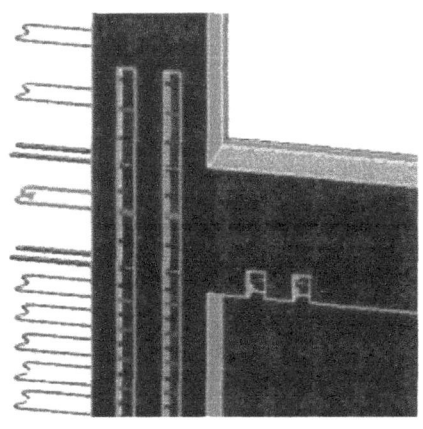

图 3-53 某项目一块预制剪力墙开墙槽的设计图

体内钢筋边距墙内皮只有 35mm 左右，如果按 40mm 深预留，钢筋只能外漏，而实际上钢筋尚需至少 15mm 的保护层，对于右侧墙槽只涉及少量钢筋时，可局部钢筋打弯避开，而对于左侧墙槽，大量钢筋外漏，很难处理。经与结构专业人员协商，留出 15mm 深墙槽，管线砂浆保护层不得小于 10mm，需在二次装修时增加装饰面厚度。要注意的是开槽位置一定要避开结构墙连接套筒的部位，见图 3-54 竖向钢筋底部，套筒比钢筋粗，无法再开槽。

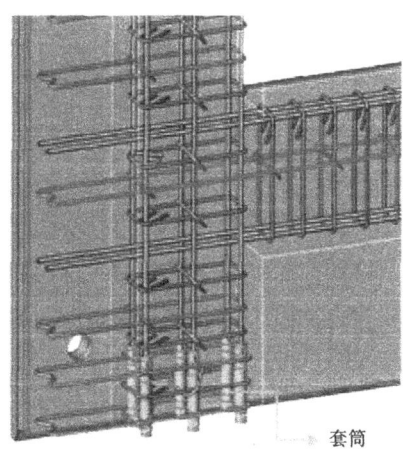

图 3-54 结构墙连接套筒的部位避免开槽示意图

在预制装配式住宅设计中，应与建筑专业密切配合，通过调整房间布局，避免将给水点设在预制剪力墙上，否则不仅二次装修时墙体加厚，占用室内空间，还会增加预制板规格，增加造价。

（六）预埋窗框

窗按材质不同，可分为铝合金窗、塑钢窗、带钢副框窗等。其中塑钢窗成本较低，缺点是易老化变色、强度较低且蒸汽养护的预制构件不宜采用塑钢窗框预埋，多用于后安装施工形式的窗洞口；带钢副框窗是指在构件生产过程中预埋钢副框，待外墙施工完成后再将铝合金外框安装于副框上，其优势在于一定程度上节省了型材的备料加工制作时间，避免了保温层对窗外框压框过多，但其综合成本较高，防锈处理不到位会导致锈蚀，造成锈水外漏等隐患；而铝合金窗是目前使用最为广泛的窗材料，其优点非常明显：质轻、坚固、不易变形、金属质感、易于加工，可使用喷涂或电泳进行表面处理，可以任意色彩搭配建筑外形及居室内部空间，故宜使用铝合金窗框作为预埋窗框。预埋窗框见图3-55。

图3-55 预埋窗框

预制构件预埋窗框能有效增强窗节点防水性能；降低现场工人工作量，减少施工工期；减少现场施工垃圾的产生。PC预埋窗框宽度宜控制在50~80mm之间，窗脚埋深20mm以上，泄水孔应外露。

构件生产过程中,窗框应直接安装在预制构件的钢模具中(需在模具上设置可靠的限位框或限位件进行固定),窗框安装的位置应符合设计要求。同时窗框应采取包裹和遮盖等保护措施,不得污染、划伤和损坏窗框。

在施工过程中,应对外墙板的窗框采取保护措施,通常采用木模板做成窗框保护套,卡在窗框上以防止框料受到意外损坏。门框和窗框安装允许偏差情况见表3-2。

表3-2　　　　门框和窗框安装允许偏差　　　　单位:mm

项目		允许偏差	检验方法
锚固脚片	中心线位置	5	钢尺检查
	外露长度	+5,0	钢尺检查
门窗框位置		±1.5	钢尺检查
门窗框对角线		±1.5	钢尺检查
门窗框高、宽		±1.5	钢尺检查
门窗框的平整度		1.5	靠尺检查

第五节
预埋件固定

一、预埋件、预埋管道及预埋螺栓固定

(1)预埋件加工及安放完成后,严格执行成品保护制度,杜

绝施工过程中对预埋件的人为损伤及破坏。

（2）混凝土在浇筑过程中，振动棒应避免与预埋件直接接触，在预埋件附近，需小心谨慎，边振捣边观察预埋件，及时校正预埋件位置，保证其不产生过大位移。

（3）混凝土成型后，需加强混凝土养护，防止混凝土产生干缩变形引起预埋件内空鼓，同时，拆模要先拆周围模板，放松螺栓等固定装置，轻击预埋件处模板，待松劲后拆除，以防拆除模板时因混凝土强度过低而破坏锚筋与混凝土之间的握裹力，从而确保预埋件施工质量。

二、预埋件防腐防锈保护

（1）预埋件加工及安放完成后，严格执行成品保护制度，杜绝施工过程中对预埋件的人为损伤及破坏。

（2）混凝土在浇筑过程中，振动棒应避免与预埋件直接接触，在预埋件附近，需小心谨慎，边振捣边观察预埋件，及时校正预埋件位置。保证其不产生过大位移。

（3）混凝土成型后，需加强混凝土养护，防止混凝土产生干缩变形引起预埋件内空鼓，同时，拆模要先拆周围模板，放松螺栓等固定装置，轻击预埋件处模板，待松劲后拆除，以防拆除模板时因混凝土强度过低而破坏锚筋与混凝土之间的握裹力，从而确保预埋件施工质量。

外露金属件，包括连接件和预埋件的设计均应考虑环境类别的影响，并进行防腐防锈处理。有防火要求的连接件应采取防火措施。

第六节
施工过程管控

一、预埋件、预埋螺栓、预埋管线施工

（一）定位放线

结合现场预埋图纸，对轴线、柱、墙定位边线及 200mm 或 300mm 控制线、结构 1m 线、建筑 1m 线、支撑定位点进行标识。

（二）预埋材料准备

根据现场预埋图纸，根据结合检验批对每个检验批进行材料准备，罗列材料准备清单。

二、预埋工程的材料和机具进行清理、归类、存放

（1）存放场地应平整、坚实，并应有排水措施；

（2）存入库区宜实行分区管理和信息化台账管理；

（3）应按照产品品种、规格型号、检验状态分类存放，产品标示应明确、耐久、预埋吊件应朝上，标示应朝外；

（4）应合理设置垫块支点位置，确保预制构件存放稳定，支点宜与起吊位置一致；

（5）与清水混凝土面接触的垫块应采取防污染措施。

三、质量管控

(一) 预制构件预埋件问题

预制构件中的线盒、线管、吊点、预埋铁件等预埋件中心线位置、埋设高度等问题超过规范允许偏差值。预埋件问题在构件生产中发生批次较高,造成返工修补,影响生产进度,更严重影响工程后期施工使用。常见问题如下:

(1) 线盒、预埋铁件、吊母、吊环、防腐木砖等中心现位置超过规范允许偏差值。

(2) 外购或自制预埋件质量不符合图纸及规范要求。

(3) 预埋件规格使用错误,安装数量不符合图纸要求。

(4) 预埋件未做镀锌处理或未涂刷防锈漆问题。

(5) 墙板灌浆套筒规格使用错误,导致构件重新生产。

(6) 预埋件埋设高度超差严重,影响工程后期安装使用。尤其成品检查验收中多数出现问题为预埋线盒上浮、内陷问题。

(7) 墙板未预留斜支撑固定吊母,导致安装时直接在预制墙板上打孔用膨胀螺栓固定。

(8) 浇筑振捣过程中,对套筒、注浆管或者是预埋线盒、线管造成堵塞、脱落问题。

(二) 预埋件常见问题分析及防治措施

表3-3　　　　　预埋件常见问题分析及防治措施

序号	现象	原因	防治措施
1	预埋件变形或不符合尺寸要求	外购预埋件或自制预埋件未经验收合格,直接使用	预埋件应按设计材质、大小、形状制作,外购预埋件或自制预埋件必须经专检人员验收合格后,方可使用

续表

序号	现象	原因	防治措施
2	预埋件定位不准确	模具制作时遗漏预埋件定位孔、定位孔中心线位置偏移超差或预埋件定位模具高度超差；定位工装使用一定次数后出现变形，导致线盒内陷（上浮）等质量通病	（1）预制构件制作模具应满足构件预埋件的安装定位要求，其精度应满足技术规范要求。 （2）预埋件安装时，应采取可靠的固定保护措施及封堵措施，确保其不移位、不变形，防止振捣时堵塞及脱落。易移位或混凝土浇注中有位移趋势的，必须重新加固。如发现预埋件在混凝土浇筑中位移，应停止浇筑，查明原因，妥善处理，并注意一定要在混凝土凝结之前重新固定好预埋件。 （3）解决抹灰面线盒内陷（上浮）质量问题除了保证工装应固定牢固，保持平面尺寸外，还须定期校正工装变形，及时调整，更为关键的是要在抹面时进行人工检查和调整。而模板面线盒内陷（上浮）质量问题最好的控制办法是在底模上打孔固定，且振捣时避免直接振捣该部位造成上浮、扭偏
3	预埋数量不足	构件生产过程生产人员及专检人员未对照设计图纸检查，导致预埋件规格使用错误、数量缺失、埋设高度超差或中心线位置偏移超差等问题发生	（1）混凝土浇筑前，生产人员及质检人员共同对预埋件规格、位置、数量及安装质量进行仔细检查，验收合格后，方可浇筑。检查验收发现位置误差超出要求、数量不符合图纸要求等问题，必须重新施作。 （2）如果遇到预留件与其他线管、钢筋或预埋件等发生冲突时，要及时上报，严禁自行进行移位处理或其他改变设计的行为出现
4	预埋件松动、固定不牢	操作工人生产时不够细致，预埋件没有固定好。混凝土浇筑过程中预埋件被振捣棒碰撞	（1）加强过程检验，切实落实"三检"制度。 （2）浇筑混凝土过程中避免振动棒直接碰触钢筋、模板、预埋件等

续表

序号	现象	原因	防治措施
5	预制构件预留孔洞规格尺寸、数量不符合图纸要求，中心线位置偏移等问题	预留孔洞未固定牢固，混凝土振捣时位移或脱落	预制构件制作模具应满足构件预留孔洞的安装定位要求
		构件生产过程生产人员及专检人员未按图施工，导致预留孔洞规格尺寸使用错误、数量缺失或中心线位置偏移超差	混凝土浇筑前，生产人员及质检人员共同对预留孔洞规格尺寸、位置、数量及安装质量进行仔细检查，验收合格后，方可进行下道工序。检查验收发现位置误差超出要求、数量不符合图纸要求等问题，必须重新施作
		预留孔洞未固定牢固，混凝土振捣时位移或脱落	(1) 预留孔洞安装时，应采取妥善、可靠的固定保护措施，确保其不移位、不变形，防止振捣时位移及脱落。如发现预埋孔洞模具在混凝土浇筑中位移，应停止浇筑，查明原因，妥善处理，并注意一定要在混凝土凝结之前重新固定好预留孔洞。 (2) 如果遇到预留孔洞与其他线管、钢筋或预埋件发生冲突时，要及时上报，严禁自行进行移位处理或其他改变设计的行为出现。同时，浇筑混凝土前，应对预留孔洞进行封闭或填充处理，避免出现被混凝土填充等现象出现，如若浇筑时，出现混凝土进入预留孔洞模板内，应立即对其进行清理，以免影响结构物的使用。 (3) 混凝土振捣时在预留孔洞附近应小心谨慎，振捣棒不能离预留孔洞模板太近，捣固应密实，以防止预留孔洞中心线移位或预留孔洞外边缘变形等而出现质量通病

续表

序号	现象	原因	防治措施
5	预制构件预留孔洞规格尺寸、数量不符合图纸要求，中心线位置偏移等问题	拆模时，操作工人野蛮施工，导致预留孔洞位置损坏严重	拆模时，待该部位混凝土达到足够强度后进行，并采取轻拆轻放的方法，严禁使用撬棍硬撬，以免损坏预留孔及其周边混凝土结构。构件脱模后，生产人员及专检人员要对预留孔洞位置、规格尺寸、数量等进行复查，是否存在误差
6	预埋件、预埋管道及预埋螺栓变形与位移	预埋件、预埋管道及预埋螺栓受力变形与位移	(1) 埋设地脚螺栓前，应放线定位准确，经复查正确后方可浇筑混凝土，在浇筑过程中也应随时检查并注意螺栓定位。 (2) 浇筑后的地脚螺栓应用箱或盒等保护，严禁利用已埋固的地脚螺栓作施工的牵动或矫正。 (3) 在钢结构安装前，应用锥形螺母及套管保护螺纹；钢柱在吊起、挟直和就位过程中柱底座应缓慢入位，以防止将螺栓弯曲和损坏螺纹。 (4) 地脚螺栓发生位移时应视具体情况，并经设计同意，一般可将原地脚螺栓割掉，按设计要求的位置钻孔或打孔，用补焊螺栓并加焊套管加固，并扩大柱底板螺孔直径的措施处理。 (5) 当发生螺杆弯曲和螺纹损坏情况时，在不改变原地脚螺栓的规格、材质和强度的条件下，一般弯曲不严重、螺纹又能修复时，可将螺杆加热调直；如螺栓弯油和螺纹损坏严重时，可将原螺杆在无螺纹的适当位置处割掉，按规格、材质和长度要求，用电焊新接一段。焊接前需将接点处的上段下端螺杆周边加工出45°坡口（底段上端成台面不加坡口）。焊接时要求焊缝与螺杆平齐；为保证接点的强度、焊后在无螺纹段加焊等长度的套管；并将柱底板螺孔扩大与套管的直径相配

续表

序号	现象	原因	防治措施
7	PC构件钢筋或结构预埋件（灌浆套筒、预埋铁、连接螺栓等）位置偏差过大，轻则影响外观和构件安装，重则影响结构受力	构件深化设计时未进行碰撞检查；钢筋半成品加工质量不合格；吊运、临时存放过程中没有做防变形支架；钢筋及预埋件未用工装定位牢固；混凝土浇筑过程中钢筋骨架变形、预埋件跑位；外露钢筋和预埋件在混凝土终凝前没有进行二次矫正；过程检验不严格，技术交底不到位	（1）预防措施：深化设计阶段应用BIM技术进行构件钢筋之间、钢筋与预埋件预留孔洞之间的碰撞检查；采用高精度机械进行钢筋半成品加工；结合安装工艺，考虑预留钢筋与现浇段的钢筋的位置关系；钢筋绑扎或焊接必须牢固，固定钢筋骨架和预埋件的措施可靠有效；浇筑混凝土之后要专门安排工人对预埋件和钢筋进行复位；严格执行检验程序。（2）处理措施：对施工过程中发现的钢筋和预埋件偏位问题，应当及时整改，没有达到标准要求不能进入下一道工序；对已经形成的钢筋和预埋件偏位，能够复位的尽量复位，不能复位的要测量数据，提请设计和监理洽商，是否可以降低标准使用（让步验收），确实无法满足结构要求的，构件报废，结构返工重做

（三）质量通病问题分析及防治措施（见表3-4）

表3-4　　　　　　质量通病问题分析及防治措施

序号	问题描述	基本要求	原因分析	防治措施	图片
1	预埋线盒偏位，下沉	《装配式混凝土结构技术规程》规定：预埋线管、电盒在构件平面的中心线位置偏差20mm，高差0~10mm	（1）线盒固定不牢靠，混凝土浇筑或振捣时线盒发生移位；（2）混凝土振捣碰触线盒	（1）预制构件上表面预埋线盒底部必须增加支撑；（2）混凝土振捣时，要求严禁碰触预埋线盒、线管	

续表

序号	问题描述	基本要求	原因分析	防治措施	图片
2	现场吊装过程中,产生明显裂缝,预制构件产生破坏;吊点位置设计不合理		(1) 预制构件本身设计不合理; (2) 吊点设计不合理	(1) 构件设计时对吊点位置进行分析计算,确保吊装安全,吊点合理; (2) 对于漏埋吊点或吊点设计不合理的构件返回工厂进行处理	
3	现场发现部分预制构件预埋管缺少、偏位等现象,造成现场安装时需在预制构件凿槽等问题,容易破坏预制构件		(1) 构件加工过程中预埋管件遗漏; (2) 管线安装未按图施工	加强管理,预埋管线必须按图施工,不得遗漏,在浇筑混凝土前加强检查	
4	地埋螺栓预埋不合格	设计不合理、现场遗漏	大量使用膨胀螺栓替代,导致电管不通,且增加成本	(1) 设计部根据设计3D模型及斜支撑长度、角度,向施工现场提供预埋螺栓的定位图;同时在施工过程中检查是否与线管、线盒相碰,及时提供修改图; (2) 现场质量员根据预埋螺栓定位图进行检查,检查内容:位置是否正确和固定、是否遗漏、丝扣外露长度及其保护;如发现与预埋线管、线盒相碰及时与项目技术负责人或设计部联系提出修改建议	—

续表

序号	问题描述	基本要求	原因分析	防治措施	图片
5	预制构件管线遗漏、凿槽	现场发现部分预制构件预埋管缺少、偏位等现象,造成现场安装时需在预制构件凿槽等问题,容易破坏预制构件	一是构件加工过程中预埋管件遗漏;二是管线安装未按图施工	(1) 并行的管子间距不应小于25mm,使管子周围能够充满混凝土,避免出现空洞; (2) 加强管理,预埋管线必须按图施工,不得遗漏,在浇筑混凝土前加强检查	—

(四) 预埋管路常见质量问题及防治措施 (见表3-5)

表3-5　　　　预埋管路常见质量问题及防治措施

序号	常见的质量问题	防治措施
1	漏埋、错埋	编制预埋孔洞、管路图表,浇筑前对照图表进行复查
2	预留预埋孔洞、箱盒位置不准确	预留时应按照设计要求找出轴线尺寸位置,并仔细核对箱盒位置、标高
3	管路不通	配管时及时对管口进行封堵、浇筑时专人看护,配管后及时扫管
4	煨弯处出线凹扁过大或弯曲半径不够倍数	使用手扳煨管器时移动要适度,用力不要过猛
5	吊顶内或护墙板内配管、固定点不牢	应采用配套管卡,固定牢固,档距应找均匀
6	管口不齐有毛刺	断管后及时铣口

四、安全管控

(一) 安全文明施工

1. 工人上岗的基本要求

(1) 上岗前必须接受安全教育和培训：

一是《中华人民共和国安全生产法》和《建筑工程安全生产管理条例》规定，未经安全生产教育和培训合格的建筑工人，不得上岗作业。因此建筑工人应当认真参加安全教育与培训、技术交底和班前活动，提高自我保护意识和防护能力。

二是新工人上岗前必须接受公司、工程项目部、班组的三级安全教育。转岗、换岗的职工在重新上岗前，作业人员进入新的施工现场前，也应当接受安全生产教育和培训。未经教育培训或者教育培训考核不合格的人员，不得上岗作业。

(2) 特种作业必须持有特种作业操作证：

在建筑施工中，有如下工程属于特种作业：电工作业、起重机械作业、金属焊接（气割）作业、建筑登高架设作业、厂内机动车辆驾驭、爆破作业、锅炉司炉、压力容器操作等。这些工作不能随便去干，必须持有国家特种作业操作证，否则，无证作业就是违法行为。

(3) 施工作业对年龄和健康的要求：

一是按劳动法规定：建筑工人年龄必须年满16周岁。未满18周岁的人员不准安排从事有毒有害作业和特别繁重的体力劳动（比如人工挖孔桩、登高架设等作业）。

二是患高血压、心脏病、癫痫病、恐高症等的工人不得参加高处作业、人工挖孔桩等高危险性的施工作业。

2. 安全生产常识、安全生产操作规程

(1) 根据《中华人民共和国安全生产法》《建设工程安全生产

管理条例》，体现"以人为本"的安全原则，保障人身、设备及工程安全，特制定了本规程。

（2）安全技术规程主要包括工种、机械（设备）和施工作业等部分，根据公司性质及工程施特点，本规程分为《主要安全技术操作规程》和《主要施工机械（设备）安全技术操作规程》两部分，未及部分按相关行业规定的工程施工安全技术规程执行。

（3）所有作业人员，必须熟练掌握本岗位和所操作机械设备的安全操作规程，熟悉相关行业规定的工程施工安全技术规程，遵章守纪，服从指挥，规范作业。

（4）施工中采用新技术、新工艺、新材料或新设备时，须制定相应的安全技术措施并对有关人员进行培训。

（5）施工人员必须经过相应的安全生产知识教育和再教育，特种作业人员必须经过专门培训考核后，持有效证件上岗作业。

（6）特种设备必须进行定期检验检测，获得检验检测合格证后再投入使用，任何情况下必须保证安全设施和附件的齐全、灵敏、可靠。

（7）施工现场所有人员包括后勤人员，都应能够正确佩戴和使用有关劳动防护用品。

（8）同一作业区域内有两个以上的单位或不同专业交叉作业时，应明确各自责任，统一指挥生产安全工作，遵守安全操作规程。

（二）突发事件的处理程序

1. 施工现场人员受伤应急程序

（1）施工现场发生高处坠落、物体打击、机械伤害等人员受伤事故，伤者或目击者应立即大声疾呼报警，通知项目安全管理应急小组和医生。

（2）医生和项目安全管理应急小组立即赶赴受伤现场。

（3）医生检查受伤情况并采取必要的救护措施，同时决定采取何种应急的急救措施。

(4) 迅速与医院联系,通报伤者情况、出事地点、时间,并让医院做好急救准备。

(5) 由医生和相关人员护送伤员去医院,途中要与项目安全管理应急时刻保持联系,随时报告伤者的病情和具体位置,同时应急小组还应与高一级医院联系,以便在当地医院无法处理时及时转治。

(6) 填写好应急救护报告,由项目安全管理应急小组组长将事故情况上报上级主管部门。

2. 财产损害的现场应急程序

(1) 财产损害事故发生后,首先确定有无人员被伤害或困在设施设备中,同时切断受损设备或设施的电源、火源、动力,防止二次事故发生。

(2) 如有人员被伤害或困在设施设备中,应首先抢救人员,按"施工现场人员受伤应急程序"执行。

(3) 如无人员伤害,视设备受损情况采取相应的控制措施,防止损害升级。

(4) 清理事发现场,项目安全管理应急小组组织相关人员尽快修复设备,缩短事故损失工作时间。

(5) 填写好应急报告,由项目负责人将事故情况报上级部门。

3. 火灾、爆炸事故的应急程序

(1) 火灾或爆炸发生初期,最先发现的人员要大声疾呼报警,同时拨打"119"报警并向领导汇报。

(2) 如有人员伤亡,应首先抢救人员,按"施工现场人员受伤应急程序"执行。

(3) 由抢险人员把火灾、爆炸区域无关人员迅速疏散到安全区,划定危险区域。

(4) 如发生的火灾没有涉及易燃易爆区或没有二次爆炸的危险,现场有自救能力,项目负责人应立即组织抢险自救。

（5）应迅速隔离或撤离现场的易燃易爆物。

（6）事故升级时，应急行动由上一级部门指挥实施，紧急情况下，可向外部请求应急支援。

4. 触电事故的应急程序

（1）发现人员触电后，最先发现的人员要大声疾呼报警并向领导汇报，同时应迅速关闭电源开关，或者用绝缘物体挑开电线或带电物体，使伤者尽快脱离电源。

（2）将伤者抬至干燥处，如伤者呼吸停止，应立即进行人工呼吸急救。

（3）心脏停跳者，应立即进行胸外按压。

（4）领导小组立即联系就近的医院，同时准备车辆，护送伤者去医院。

（5）医护人员在护送途中不得放弃急救。

（6）运送途中要与项目部领导时刻保持联系，随时报告伤者的病情和具体位置，向高一级医院联系，以便在当地医院无法处理时及时转治。

（7）填写好应急救护报告，由项目负责人将事故情况上报上级部门。

5. 中毒的应急程序

（1）发现员工食物或气体中毒后，立即终止接触毒物，通知医护人员急救。

（2）如毒物是由食道进入，应紧急清洗病人的胃肠道，必要时进行导泻。

（3）如毒物是由呼吸道或皮肤侵入，应立即将病人撤离中毒现场，移到空气清新的地方，清洗接触毒物部位。

（4）清除吸入毒气和伤口毒物。

（5）服用解毒药品，并将病人护送去医院，全面检查后进一步治疗。

6. 传染病的应急程序

（1）发现员工有传染病症状，应立即与健康人群隔离。

（2）由医护人员对患者采取相应急救措施。

（3）将情况报告项目负责人和就近医院或当地的防疫部门。

（4）将患者送相应的传染病医院或有治疗能力的医院治疗。

（5）立即对患者所住的房间、床铺、用品等进行消毒。

（6）对健康人员采取相应的预防措施，随时监测其他员工的身体状况。

7. 环境污染事故的应急程序

（1）发生有毒有害介质泄露污染后，领导小组应立即指挥现场人员逃生。

（2）逃生应由专人组织引导，避免造成混乱。

（3）无关人员撤离到安全地带后，由抢险队员负责切断污染源，以防事态进一步扩大。

（4）项目负责人向上级部门汇报情况，并视污染情况通知相关单位和附近居民。

（5）在领导小组或上级部门的指挥下，迅速采取有效的控制或挽救措施。

（三）安全文明管理知识

1. 安全心理因素

施工中要保持良好的安全心理，要克服易引发事故的心理因素，避免出现开玩笑、超负荷工作、放纵喧闹、注意力不集中等不良行为。尤其要克服以下心理：

（1）侥幸心理：认为出事是偶然的，以前也是这么做，这次应该不会有问题，但结果这次就出事。

（2）麻痹心理：对安全隐患、不安全行为不重视，盲目相信自己的经验，自以为没事，但结果这次出事。

（3）冒险心理：为节省时间，嫌麻烦、图省事，冒险蛮干，但这样做有时会把自己的生命安全也给"冒险"了。

（4）惰性心理：表现为懒得想、懒得做，能凑合就凑合，跟在别人后面，甚至一起违章赔上性命。

（5）逞强心理（个人英雄主义）：在安全措施没有保障的情况下，别人不敢做，而自己偏敢做，结果却使自己陷入危险。

2. 安全标志

（1）安全色：

红色：表示禁止、停止、危险以及消防设备。

蓝色：表示人们必须遵守的指令。

黄色：表示提醒人们注意。凡是警告人们注意的器件、设备及环境都应以黄色表示。

绿色：表示给人们提供允许、安全的信息。

（2）禁止标志：禁止人们不安全行为的图形标志。

（3）提示标志：向人们提供某种信息（如标明安全设施或场所等）的图形标志。

（4）警告标志：提醒人们对周围环境引起注意，以避免可能发生危险的图形标志。

（5）指令标志：强制人们必须做出某种动作或采用防范措施的图形标志。

3. 安全电压与照明用电要求

（1）施工中使用手持行灯时，要用36V以下的安全电压。在金属容器内和潮湿环境下（如地下室）的照明要用12V安全电压。

（2）生活区的照明，必须使用60W以下的照明灯具。

（3）碘钨灯要离开易燃物30cm以上，固定架设高度不低于3m。

（4）配电箱、开关箱：配电箱、开关箱内不得存放物品，配电箱、开关箱周围要留出足够2人同时操作的空间和通道，不得堆放任何杂物。

（5）开关电器的使用、维护：开关电器的熔断器发生断路或其他故障，要找专业电工查明原因，进行修理和维护非专职电工不得修理各类开关电器,任何人不得用其他金属丝代替熔断丝。

4. 施工现场安全生产纪律

施工现场"十不准":

(1) 不准未戴安全帽进入工地。

(2) 未经教育和培训不得上岗,不得操作,非有关操作人员不准进入危险区内。

(3) 高处作业时不乱抛材料和工具等物件,不准穿硬底鞋和带钉易滑鞋。2m 以上的高处作业必须系好安全带,扣好保险钩。

(4) 不是机械操作工人,不准擅自开动机械设备。

(5) 龙门(井)架不准乘人上下。

(6) 不准擅自拆动施工现场的防护设施、安全标志和警告牌。

(7) 施工现场内不准打闹。

(8) 不准穿高跟鞋、拖鞋、赤膊或光脚进入施工现场。

(9) 不准酒后上岗作业。

(10) 不准带小孩进入施工现场。

(四) 环境保护知识

1. 防止大气污染

(1) 施工阶段,定时对道路进行淋水降尘,控制粉尘污染。

(2) 建筑结构内的施工垃圾清运,采用搭设封闭式临时专用垃圾运输或采用容器吊运或袋装,严禁随意凌空抛撒,施工垃圾应及时清运,并适量洒水,减少粉尘对空气的污染。

(3) 水泥和其他易飞扬、细颗粒散体材料,安排在库内存放或严密遮盖,运输时要防止遗洒、飞扬,卸运时采取措施,减少污染。

(4) 现场内所有交通路面和物料堆放场地全部铺设混凝土硬化路面,做到黄土不上天。

(5) 在出场大门处设置车辆清洗冲刷台,车辆经清洗后出场,严防车辆携带泥沙出场造成道路的污染,特别是泥浆清运车,必须封闭严实,轮胎清洗干净才出场。

(6) 现场内设置的食堂和宿舍,由专人负责管理,确保卫生和安全符合规定。

2. 防止水污染

(1) 确保雨水管网与污水管网分开使用,严禁将非雨水类的其他水体排进雨水管网。

(2) 施工现场设沉淀池,将废水经过沉淀后排指定污水管线。尤其是泥浆用定点沉淀后,再用编织袋运出场外堆放。

(3) 厕所旁设化粪池和二级沉淀池,并定期请环卫部门进行粪便抽排。

(4) 现场交通道路和材料堆放场地统一规划排水沟,控制污水流向,设置沉淀池,污水经沉淀后再排入市政污水管线,严防施工污水直接排入市政污水管线或流出施工区域污染环境。

(5) 加强对现场存放油品和化学品的管理,对存放油品和化学品的库房进行防渗漏处理,采取有效措施,在储存和使用中,防止油料跑、冒、漏污染水体。

3. 防止施工噪声污染

(1) 现场混凝土振捣采用低噪音混凝土振捣棒,振捣混凝土时,不得振钢筋和钢模板,并做到快插慢拔。

(2) 除特殊情况外,在每天晚22时至次日早6时,严格控制噪声作业,对混凝土搅拌机、电锯、柴油发电机等强噪声设备,以隔声棚遮挡,实现降噪。

(3) 模板、脚手架在支设、拆除搬运时,必须轻拿轻放,上下、左右有人传递。

(4) 使用电锯切割时,应及时锯片刷油,且锯片转速不能过快。

(5) 使用电锤开洞、凿眼时,应使用合格的电锤,及时在钻头注油或水。

(6) 加强环保意识的宣传。采用有力措施控制人为的施工噪声,严格管理,最大限度地减少噪声扰民。

(7) 机械操作指挥尽可能配套使用对讲机或手机来降低起重

工的吹哨声带来的噪声污染。

（8）木工棚及高噪音设备实行封闭式隔音处理。

（9）设专人负责扰民协调工作，现场设置居民接待室，负责接待和解决周边居民的投诉。

4. 限制光污染措施

探照灯尽量选择既能满足照明要求又不刺眼的新型灯具，或采取措施保障夜间照明，同时只照射工区而不影响周围区域。

5. 废弃物管理

（1）施工现场设立专门的废弃物临时贮存场地，废弃物应分类存放，对有可能造成一次污染的废弃物必须单独贮存、设置安全防范措施且有醒目标识。

（2）废弃物的运输确保不散撒、不混放，送到政府批准的单位或场所进行处理、消纳。

（3）对可回收的废弃物做到再回收利用。

（五）消防安全的基本知识

1. 火灾起火原因

（1）生活用火的不慎、烟头、香烛、蚊香，特点：面积小于 0.1~0.7mm，容易被人所忽略。

杀伤力：烟头 800 度，香头 700 度；构成条件：疏忽大意。

预防措施：不要随意玩火，不要乱扔烟头，不要卧床抽烟，明火照明时不离人，不要用明火照明寻找物品。

（2）电线、电器、电线引发火灾的三个特性：隐蔽性、突发性、迅速成灾性。

预防措施：一是不要乱拉乱接电线，保险丝不可用铜、铁丝代替；二是使用电暖器时，要注意安全；三是离开宿舍或睡觉时，应检查电器具是否断电。

（3）燃煤气管、煤气阀、胶管使用寿命 3~5 年，建议 18 个月更换 1 次。液化气与空气混合浓度达到 2%~9%，管道煤气达到

4.2%~15%为爆炸极限。

煤气着火预防措施：一是发现燃气泄漏，要迅速关闭气源阀门，打开门窗通风，切勿触动电器开关和使用照明；二是不要在燃气用具旁边放置易燃易爆物品；三是离开食堂时，应检查煤气阀门是否关好。

2. 消防常识

（1）发生火灾的原因：

火灾是指在时间或空间上失去控制的燃烧所造成的灾害。发生火灾必须同时具备3个条件：可燃物、助燃物和着火源。这3个条件只要达到一定的量，并相互结合，就会燃烧。在我们日常生活、生产中，这3个条件是到处存在的。也就是说，火灾的危险是到处存在的，如不重视防火，随时有发生火灾的可能。

造成火灾形势严峻主要有以下主观因素：

一是麻痹、侥幸思想；二是重经济、轻消防，重防盗、轻消防；三是消防法制观念差，违法经营，违章操作；四是消防知识缺乏。如发生火灾不会报警，不会使用灭火器材，不会扑救初起火灾，不会逃生等。

防火措施：一切防火措施，都是为了防止燃烧条件的产生。根据物质燃烧的条件，火灾预防的原理主要是控制可燃物、隔绝空气、消除火源、阻止火势蔓延。

预防火灾的措施主要包括两个方面：硬件——建筑防火及建筑消防设施；软件——消防安全管理。

建筑防火措施主要包括以下几个方面：①合理布置总平面，如防火间距、消防车道、消防扑救面。②重视建筑物的耐火等级和建筑构件的耐火性能。③加强建筑内的防火分区和防火分隔设施。④完善安全疏散设施，包括安全出口、疏散楼梯、疏散通道、避难间、避难走道等。

消防安全管理的主要环节：①消防安全组织；②消防安全责任；③消防安全制度；④消防教育培训；⑤防火安全检查；⑥制定

应急预案；⑦建立消防档案，落实消防安全责任制。

首先，要落实逐级消防安全责任制和岗位消防安全责任制。一是要逐级签订消防安全责任书；二是进行消防责任制落实情况评估；三是要明确逐级、各岗位消防安全职责。其次确定逐级、各岗位的消防安全责任人。法人代表及各级、各岗位的主要负责人是本级、本岗位的消防安全责任人，对本级、本岗位的消防安全负责。

消防安全管理重点：重点部位的消防安全管理、重点工种的消防安全管理、火源管理、电源管理、易燃易爆化学危险物品的管理、安全疏散设施的消防安全管理、消防设施器材的管理。

(2) 发生火灾的应对措施：

第一，会报警、会使用灭火器、会扑救初起火灾、会逃生自救。

如何报警：一要熟记火警电话号码"119"。二要会报警。报警时要沉着、镇静，讲清起火单位、地址、街道门牌号码、几楼几层、几号房间；烧的什么物质；火势大小；报警人的姓名及电话号码；并派人到大门口或交叉路口接应消防车。三要迅速报警。千万不要等火着大了才去报警，这样会失去灭火的有利时机。

第二，灭火器的使用方法：检查灭火器是否过期。可以查看瓶体说明，看是否已过有效期，压力表指针指向绿色区域属于正常状况，保证灭火器能安全有效使用；使用前将灭火器上下、倒置摇晃。这样可以将瓶内的干粉抖松，使瓶内的灭火粉剂能充分喷射出来，发挥最大灭火效能。

第三，干粉灭火器的操作步骤和使用知识：一手提起灭火器并压把、一手握住导管的喷嘴，站在燃烧点的上风或侧风方向约2m处，对准火焰根部来回扫射，直到将明火扑灭位置。这样可以避免逆风将粉剂吹向操作人员或影响灭火效果。使用注意事项：①干粉灭火器的粉剂会污染贵重高精密仪器设备，难以清洗，导致设备报废；②粉剂对人体伤口（污染伤口，影响伤口的清洗消毒和愈合）和眼睛都会造成严重的损害，使用时要特别注意。

第四，灭火的基本方法：一切灭火措施，都是为了破坏已经产生的燃烧条件或使燃烧中的游离基消失。根据物质燃烧条件灭火的基本方法主要有：隔离法、窒息法、冷却法、化学抑制法。

一般情况下，初起火灾火势都不大（汽油、液化气等易燃易爆物质除外），因此，必须抓住有利时机进行扑救。最有效的措施是迅速利用附近的灭火器及室内消火栓控制火势、扑灭火灾。

第五，逃生自救的主要方法：
①利用各种疏散楼梯进行疏散；
②利用迂回的方法进行疏散；
③采用其他辅助手段进行自救；
④到较安全地点避难等待营救；
⑤若所处的楼层距地面或周围的附属建筑不高，可将被褥、垫子、海棉等厚而软的东西先扔下，然后在低姿下跳，脚尖先着地。但这种方法只是在万不得已的情况下才用。

第六，逃生时应避免以下常见错误做法：
①按原路逃生：这是人们下意识的反应，但往往会导致错过最佳逃生时间。
②向光亮跑：事实上，在火场中可能光亮之地正是大火燃烧之处。
③盲目跟随：可能会汇集大量逃生人群，反而导致逃生通道不畅。
④向下逃：高层建筑发生火灾时候，不要轻易往楼下跑，因为下面可能已经是火海了。
⑤冒险跳楼：很多人可能会失去理智，直接跳楼跳窗，但危害可能更严重。

3. 加强对消防重点环节的防范

（1）焊割作业：

在进行焊割作业前，除按规定办理动火审批手续，并根据要求对作业环境进行检查，采取相应的防护措施外，还必须对作业人员进行针对性的安全技术交底和班前教育。

在焊接作业时，应先对焊炬的射引性能、是否漏气等进行安全检验，符合要求后再点火；点火时，应先开乙炔，点燃后再开氧气并调节火焰；熄火时，应先关乙炔后关氧气，防止火焰倒袭和产生烟灰；如发生回火现象，应急速关闭乙炔再立即关闭氧气，倒袭的火焰在焊炬内会很快熄灭，然后再开氧气，吹出残留在焊炬内的烟灰一切割作业时，割炬使用的安全要求，与焊炬基本相同，但应注意在切割开始前，应清理工作表面的漆皮、铁屑和油污等，防止锈皮等杂物爆溅伤人；在正常工作停止时，则应先关氧气调节手轮，再关乙炔和预热氧气手轮。

（2）木工作业：

木材均为易燃物品，因此木工作业也是防火的重点环节。在作业时，严禁动用明火，并应严格控制室内温度、粉尘浓度。

（3）电气设备的防火：

施工现场的电气设备应做到防雨、防潮，并根据安装部位的特点采取相应的措施。

一是要正确选用电气设备，在具有爆炸危险的场所应按规范要求选择防爆电气设备，在食堂、试块养护室等潮湿场所应采用防潮灯具。

二是应选择合理的安装位置，保持必要的安全距离，如照明灯具表面高温部位应当远离可燃物，碘钨灯、高压汞灯不应直接安装在可燃构件上，碘钨灯及功率大的白炽灯的灯头线应采用耐高温线穿套管保护等。

三是应按规范要求对电气设备的金属外壳等部位做可靠的接零或接地保护，防止漏电导致火灾危险。

四是要加强日常维护保养，保证电气设备的电压、电流、温升等参数不超过允许值，电气设备保持足够的绝缘能力，电气连接良好，确保电气设备的正常运行。

（六）安全生产措施

1. 安全技术交底

（1）安全班会：

为了提高全员的安全知识水平，预知事故隐患，熟悉安全应对措施，应定期召开安全班会（见表3-6），从而保证安全生产，预防事故发生。

表3-6　　　　　　　　　安全班会会议记录

会议主持	当日值班长	会议时间	5分钟，在开工前进行	会议地点	作业面
会议范围	以作业面为单位			记录人	指定技术员将会议内容记录
会议内容	一是由技术人员说明工作内容，听取班长的意见； 二是由值班长说明工作内容，由技术人员提出意见和建议； 三是每一工种都要对以下内容进行讨论： ①工作指挥者或作业工人存在问题吗？ ②作业资格、人数、信号员、年龄、健康、适应性、机能等； ③喝酒了吗？休息好了吗？班前安全会上制定的措施记清楚了吗？ ④安全防护器具配齐了吗？安全防护器具使用正确了吗？ ⑤你所使用的机械、工具、设备存在危险吗？ ⑥如何处理坠落、掉物、夹伤、刀伤、车祸、触电？ ⑦定期检修了吗？上一班有问题交待吗？ ⑧你所使用的材料存在危险吗？ ⑨如何处理飞物、割断、破损、掉物、火灾、烫伤？				
需要解决的问题	应对以下问题进行具体讨论： ①施工方法中存在危险吗？做法有问题吗？ ②有工作计划书和工作顺序吗？ ③有没考虑到的危险吗？ ④有处理易发事故的方法吗？ ⑤自然条件、工作环境上存在问题吗？ ⑥注意工作面、开口处、护坡、护栏、安全网、安全带及工作姿势。 ⑦注意掉下的石块、塌方、雨、雪、雷电、有毒气体、缺氧、粉尘、照明。 将讨论中所提到的安全应对措施（指示）由班长总结出来，向全体人员宣读并记录于专用记录本上，措施应具体、清楚，人人明白，易于执行				
参会人员	会议结束时全体人员在记录本上签名				

(2) 安全技术交底：

①作业人员必须经过入场安全教育，考核合格后才能上岗作业。

②进入施工现场现场必须戴好合格的安全帽，系紧下颚带，锁好带扣。

③遵守施工现场的劳动纪律，着装应规范，在作业活动中严禁穿拖鞋、赤背（女职工禁止穿高跟鞋）。

④进入施工现场禁止吸烟，禁止酒后作业。

⑤禁止追逐打闹。

⑥禁止操作与自己无关的机械设备，严格遵守各项安全操作规程和劳动纪律。

(3) 针对性交底：

①管道的运输工具一定要符合要求，在运输过程中必须把管道捆绑牢固，防止掉下伤人，在卸料过程中一定要注意安全。

②预埋管进行焊接，电焊工一定要持有效证件上岗，开用火证，设防火设施。电焊机要做到上盖下垫（防雨、防晒、防砸），要有漏电保护节能器，双线到位，二次线不得超过30m。焊把线不得有破损和裸露现象。把周围的易燃易爆物品清理干净，防止火灾。

③夜间施工要有足够的照明，并有旁站人员，做好记录。

④施工高度超过2m（含2m），必须系好合格的安全带，高挂低用。使用架子必须验收合格，使用人字梯（最好是木梯），梯腿必须防滑，拉线不得小于8#铅丝强度。

⑤洞口有套管安装，一定要把下方的洞口盖好，防止掉物伤人，或焊渣飞溅引起火灾。

⑥施工工具必须装在工具袋内，不得上下抛掷，防止伤人。

(4) 安全设施：

①临边防护的安全管理：

为了防止临边物体坠落砸伤工人的事故发生，可以拉起安全网围挡并用脚手管在临边口搭设防护栏。也可以使用颜色鲜艳的油漆粉刷,能使施工人员一眼看清提高警惕。楼梯的防护要和安全防护标准相符合,楼梯的坡度要符合规定要求来设计,不能够搭设过于陡峭的楼梯。在所有的登高通道的两侧部位都要安装安全防护栏,要严格按照相关的标准搭设,符合相关的要求。

②加强用电的安全管理:

装配式建筑在施工的过程中,必须设置专项人员来进行标准化安全电箱的用电管理工作。而且还要做好用电保护接地措施和重复接地措施。施工现场内的电缆线路在进行铺设时,要严格遵守相关的规范要求铺设。应当定期组织电焊工、电工的特种作业人员的安全技术培训和施工现场作业人员的安全用电教育的培训,来加强他们的技术水平和安全用电意识,使他们能够自觉地遵守各项电气操作流程。现场的安全管理人员要对全体的施工人员进行安全用电普及教育,从而让所有人对安全用电的严重性有一定的了解,杜绝操作失误引发的的触电事故。

③高处作业的安全管理:

高处作业的人员必须要身体健康,患有高血压、心脏病以及精神病和癫痫病的人员不得从事高处作业。加强现场安全防护设施配置。委派专职安全员负责现场安全防护设施或安全装备进行统一计划、管理及发放工作。做到安全设施计划及时、安放及时、更新及时。定期组织现场员工进行安全技术交底,定期进行安全技术培训,经常开展安全文明生产教育等宣传活动,加强员工的安全生产意识。

④交叉作业安全管理措施:

支模、拆模、搭架、砌墙等各工种进行上下立体交叉作业时,不得在同一垂直方向上操作。下层作业的位置,必须处于依上层高度确定的可能坠落范围半径之外。钢模板、脚手架等拆除时,下方不得有其他操作人员。施工人员在进行高空拆、立模、钢筋绑扎等作业时,必须佩带安全带,上岗前由施工队专职安全员进行检查。

结构施工自二层起，凡人员进出的通道口（包括井架、施工用电梯的进出通道口），均应搭设安全防护棚。高度超过 24m 的层次上的交叉作业，应设双层防护。由于上方施工可能坠落物件或处于起重机把杆回转范围之内的通道，在其受影响的范围内，必须搭设顶部能防止穿透的双层防护廊。

2. 安全检查

（1）加强安全教育，增强法制观念：

①技术工要进行三级安全教育，统一命题、统一考试、考试合格后方能上岗。

②做好特殊工种的培训工作，坚持持证上岗，未持证人员坚决不能上岗工作。

③坚持每周的安全例会制度，坚持经常性的安全活动制度并做记录。

④在安排施工任务时，必须进行专项有针对性的全面安全交底，履行签字。

⑤认真执行安全操作规程，严禁违章指挥、违章作业、违反劳动纪律。

（2）安全生产的具体措施：

①施工现场入口处及现场所有危险作业区域要挂安全生产宣传画、标语、安全危险标，提醒工人注意安全。

②施工前需进行各工种的安全交底，交底内容要有针对性，不可泛泛而谈，针对重点问题提出重点可靠的防护措施。

③任何人进入现场区域必须戴好安全帽，不准穿拖鞋、高跟鞋或赤脚，从事高空作业，要系好安全带。

④特殊工种必需持证上岗，严禁非正式特殊工种代替特殊工种作业。

⑤加强现场临电管理，经常检查配电设备的安全可靠性，如有损坏，及时更换，除电工之外的任何工种不准私自接改电线，需用时应申请电工完成接线工作。

⑥现场围护栏杆，要严密稳固，电缆线不允许直接敷设在栏杆上。夜间施工时基坑边缘要有明显的标志和有足够的照明。

⑦各种小型电动工具，必需由专人进行操作使用保管。

⑧现场照明灯具的架设高度要符合有关安全规程的要求，不低于2.5m。夜间施工必须有足够的照明设施。

⑨加强安全教育，落实安全责任，严格遵守安全奖罚制度。

附录
预埋件施工应知应会

序号	分类	要求	初级	中级	高级
1	第一节 施工前准备	对预埋件、预埋管道、预埋螺栓及预埋辅材进行进场验收			√
		能够按预埋工要求清理工作面	√		
		能够选择合适的预埋工具	√		
		能够进行预埋工程施工（安全技术交底）			√
2	第二节 预埋吊点	吊钉的位置布置及布设要求	√		
3	第三节 预埋件、预埋螺栓、预埋管线节点施工要求	预埋件、预埋管道、预埋螺栓安装方法及质量控制标准		√	
4	第四节 预埋件就位	能根据施工图纸要求对预埋件、预埋管道及预埋螺栓的位置进行就位		√	

续表

序号	分类	要求	初级	中级	高级
5	第五节 预埋件固定	能够使用工具或机械将预埋件、预埋管道及预埋螺栓紧固在网筋骨架、模台或模具上	√		
		能够在埋件固定后,对金属埋件进行防锈处理		√	
6	第六节 施工过程管控	能够主持一般预埋作业,对施工过程进行指导和管控			√
		施工组织管理			○
		安全生产知识、安全操作规程	○	■	★
		安全事故、突发事件处理程序	■	★	★
		文明生产知识、环境保护知识、工厂消防安全基础知识	○	■	★
		质量自检方法		○	■
		预埋工程质量验收和评定		○	■
		预防和处理预埋工程质量事故和方法和措施			○

注:○表示"了解",■表示"熟悉",★表示"掌握",√表示"实际操作"。

第四章 检查验收

本章主要介绍预埋件施工完毕后检查验收的要求,施工完毕后要依据国家现行的国家标准、行业标准、地方标准对预埋件工程安装质量进行验收。

第一节 相关规范标准要求

一、《装配式混凝土结构工程施工与质量验收规程》DB11/T 1030—2013

本规程为北京市地方标准,本规程的主要内容为:总则、术语、基本规定、模板与支撑、钢筋、混凝土、预制构件安装、质量验收、施工安全与环境保护。

(1)装配式结构施工前,施工单位应准确理解设计图纸的要求,掌握有关技术要求及细部构造,根据工程特点和施工规定,进行结构施工复核及验算、编制装配式结构专项施工方案。

(2)装配式结构施工前,应完成深化设计,深化设计文件应经设计单位认可。施工单位应校核预制构件加工图纸、对预制构件施工预留和预埋进行交底。

(3)施工单位应根据装配式结构工程的管理和施工技术特点,对管理人员及作业人员进行专项培训。

(4)施工单位应根据装配式结构工程施工要求,合理选择并配备吊装设备;应根据预制构件存放、安装和连接等要求,确定安装使用的工器具方案。

(5)施工单位应对装配式结构施工作业过程实施全面和有效的管理与控制,保证工程质量;工程质量验收应在施工单位自检基础上,按照检验批、分项工程进行。施工完成后,应组织进行工程质量验收。

(6)装配式结构工程中的模板与支撑、钢筋、混凝土和预制构件安装除应符合本规程的规定外,尚应符合现行国家标准《混凝土结构工程施工规范》GB 50666 及《混凝土结构工程施工质量验收规范》GB 50204 的有关规定。

二、《装配式混凝土结构工程施工与质量验收规程》DBJ61/T 118—2016

本规程为陕西省工程建设标准,本规程的主要内容为:总则、术语、基本规定、预制构件制作及质量检验、预制构件安装、质量验收、安全与绿色施工。

(1)装配式混凝土结构工程在深化设计阶段,应由建设单位或总承包单位组织设计、制作、施工、监理等单位对设计文件进行交底和会审,并应加强建筑、结构、设备、装修等专业之间的配合。

(2)装配式混凝土结构深化设计应满足建筑、结构和机电设备等各专业以及构件制作、运输、安装等各环节的综合要求。

（3）预制构件的构造和连接应采用标准化方法，以提高构件连接的可靠性、制作安装效率和连接质量。

（4）后施工的装配式混凝土结构的外墙保温，板缝宜留设在装配式外墙板接缝位置；板缝处理、构造节点及嵌缝做法应在深化设计中明确，并应有构造详图。

（5）装配式混凝土结构外墙防水做法、外窗防水构造应在深化设计中明确，并应有构造详图。

（6）对于有抗震要求的连接，应通过满足抗震构造措施，保证连接具有较好的抗震性能和延性。

（7）施工单位应根据装配式结构工程的管理和施工技术特点，对管理人员及作业人员进行专项培训，达到各自岗位需要的基础知识和技能水平。

（8）施工单位应对装配式结构施工作业过程实施全面管理与控制，保证工程质量；工程质量验收应在施工单位自检基础上按照检验批、分项工程、子分部工程进行验收。

三、《装配式混凝土结构工程施工质量验收规程》DB4401/T 16—2019

本规程为广州市地方标准，本规程的主要内容为：范围、规范性引用文件、术语和定义、基本规定、预制混凝土构件进场、预制混凝土构件安装与连接、现浇混凝土工程、部品安装、设备管线安装、结构实体检验、混凝土结构子分部工程验收。

（1）预制混凝土构件首次安装宜建立首件验收制度。

（2）装配式民用建筑工程质量验收制度应包括下列内容：

①项目首个装配式标准层结构施工前，建设单位组织设计、施工、监理单位对下部结构的预留、预埋等进行验收，验收合格后方可进行标准层结构施工；

②项目首个装配式标准层结构浇筑混凝土之前，建设单位组织

设计、监理、施工、预制构件生产单位等参建各方进行隐蔽工程验收，重点检查预制构件安装和连接节点、装配式模板安装等；

③项目首个装配式标准层结构拆模后，建设单位组织设计、监理、施工、预制构件生产单位等参建各方进行结构验收，对工程设计、施工进行阶段性总结和改进，保证工程的顺利进行；

④装配式结构、装配式内外墙板、机电安装、装饰装修等分部、分项工程，建设单位协调设计、监理、施工单位建立工程质量样板引路制度；

⑤根据装配式建筑施工特点，在首层结构验收、工程质量样板引路制度的基础上，建立分部分项工程验收制度，及时组织参建各方进行工程验收。

（3）装配式民用建筑工程中，混凝土结构工程应按混凝土结构子分部工程进行验收，装配式混凝土结构部分应按混凝土结构子分部工程的分项工程验收，各分项工程可根据与生产和施工方式相一致且便于控制质量的原则，按进场批次、工作班、楼层、结构缝或施工段划分为若干检验批。

（4）装配式民用建筑工程检验批、分项工程、子分部工程的验收应符合 GB 50300、GB 50666、GB 50204、GB/T 51231 和 JGJ 1 的有关规定。

（5）装配式民用建筑中涉及部品、建筑给水排水及供暖、通风与空调、建筑电气、智能建筑、建筑节能等的施工质量验收应按其对应的分部工程进行验收。

（6）对混凝土结构子分部工程的质量验收，应在各分项工程验收合格的基础上，进行质量控制资料检查及外观质量验收，并应对涉及结构安全的材料、试件、施工工艺和结构的重要部位进行见证检测或结构实体检验。

（7）检验批抽样样本应随机抽取，并应满足分布均匀、具有代表性的要求。

（8）检测或抽检构件不合格时，需加倍送检或委托具有资质的检测机构按国家现行有关标准的规定对结构构件进行检测推定。检测结果需上报监理单位、设计单位和建设单位。复检仍不合格的作销毁或退场处理。检测与复检应符合 GB 50300、GB 50204、GB/T 51231、GB/T 51232 和 JGJ 1 等的有关规定。

（9）不合格检验批的处理应符合下列规定：

①材料、构配件、器具及半成品检验批不合格时不得使用现浇混凝土浇筑前施工质量不合格的检验批，应返工、返修，并应重新验收；现浇混凝土浇筑后施工质量不合格的检验批，应按本标准有关规定进行处理；

②采用钢件焊接、螺栓连接等干式连接方式施工的装配式混凝土结构，不合格检验批的处理应按本标准及 GB 50205、JGJ 18 的有关规定执行。

（10）装配式混凝土工程的节能工程的质量验收，除应符合本标准的规定外，尚应符合 GB 50411 和 DB 15—65 的有关规定。

（11）装配式混凝土工程的门窗工程、饰面板（砖）工程的质量验收，除应符合本标准的规定外，尚应符合 GB 50210 的有关规定。

第二节　预埋工程安装质量验收

一、预制预埋阶段检验

（一）预埋件制作质量标准和检验方法

预埋件制作质量标准和检验方法见表 4-1。

表 4-1　　　　　预埋件制作质量标准和检验方法

类别	序号	检查项目		质量标准	单位	检验方法及器具
主控项目	1	焊工技能		从事钢筋焊接施工的焊工必须持有焊工考试合格证，才能上岗操作	—	检查合格证
	2	钢材品种和质量		符合设计要求和现行有关标准的规定	—	检查出厂证件和试验报告
	3	焊条、焊剂的品种、性能、牌号		符合设计要求和现行有关标准的规定	—	检查出厂证件和试验报告
	4	钢筋级别		符合设计要求和现行有关标准规定	—	观察检查
	5	焊前试焊		模拟施工条件试焊必须合格	—	检查试件试验报告
	6	钢筋焊接接头的机械性能		符合 JGJ 18 的规定	—	检查焊接试验报告
	7	预埋件的型号		符合设计要求和现行有关标准规定	—	观察和钢尺检查
	8	外观质量		表面应无焊痕、明显凹陷和损伤	—	观察检查
	9	埋弧压力焊	钢筋相对钢板的角度偏差	≤3°	—	刻槽直尺检查
			钢筋间距偏差	±10	mm	钢尺检查
	10	手工电弧焊	焊脚尺寸 Ⅰ级钢筋	贴脚焊缝不小于 0.5 倍钢筋直径	mm	观察、点数、手锤敲击和焊接工具尺检查
			焊脚尺寸 Ⅱ级钢筋	贴脚焊缝不小于 0.6 倍钢筋直径	mm	
			气孔或夹渣 数量	≤3	个	
			气孔或夹渣 直径	≤1.5	mm	

续表

类别	序号	检查项目	质量标准	单位	检验方法及器具
一般项目	1	平整偏差	≤3 或（2）*	mm	直尺和楔形塞尺检查
	2	型钢埋件挠曲	不大于1/1000型钢埋件长度，且不大于5mm	—	拉线和钢尺检查
	3	预埋件尺寸偏差	+10～-5	mm	钢尺检查
	4	螺栓及螺纹长度偏差	+10～0	mm	钢尺检查
	5	预埋管的椭圆度	不大于1%预埋管直径	mm	钢尺检查

注：*括号内数字为支撑盘柜设备预埋件制作允许偏差。

（二）预埋件安装质量标准和检验方法

预埋件安装质量标准和检验方法见表4-2。

表4-2　　　　预埋件安装质量标准和检验方法

类别	序号	检查项目		质量标准	单位	检验方法及器具
一般项目	1	预埋件	中心位移	≤3	mm	钢尺检查
			与模板的间隙	紧贴	—	观察检查
			相邻预埋件高差	≤4 或(1.5)*	mm	水准仪检查
			水平偏差	≤2	mm	水平尺检查
			标高偏差	+2～-10	mm	水准仪检查
	2	预埋螺栓	中心位移	≤2	mm	经纬仪或拉线、钢尺检查
			垂直偏差	≤5	mm	吊线或钢尺检查
			标高偏差	+10～+5	mm	水准仪检查
	3	预埋管	中心位移	≤3	mm	经纬仪或拉线、钢尺检查
			水平或垂直偏差	≤5	mm	水平尺或吊线、钢尺检查

注：*括号内数字为支撑盘柜设备预埋件安装允许偏差。

（三）拆模后预埋件质量标准和检验方法

拆模后预埋件质量标准和检验方法见表4-3。

表 4-3　　　　　拆模后预埋件质量标准和检验方法

类别	序号	检查项目		质量标准	单位	检验方法及器具
一般项目	1	预埋件	中心位移	≤10	mm	钢尺检查
			与混凝土面的平整偏差	≤5	mm	直尺和塞尺检查
			相邻预埋件高差	≤5 或(2)*	mm	水准仪检查
			水平偏差	≤3	mm	水平尺检查
			标高偏差	+2～-10	mm	水准仪检查
	2	预埋螺栓	中心位移	≤5	mm	经纬仪或拉线、钢尺检查
			标高偏差	+10～0	mm	钢尺检查
	3	预埋管	中心位移	≤5	mm	经纬仪或拉线、钢尺检查

注：*括号内数字为支撑盘柜设备预埋件拆模后允许偏差。

(四) 预埋件制作质量标准

预埋件制作质量标准见表 4-4。

表 4-4　　　　　预埋件制作质量标准

类别	序号	检查项目		质量标准
主控项目	1	焊工技能		从事钢筋焊接施工的焊工必须持有焊工考试合格证，才能上岗操作
	2	钢材品种和质量		符合设计要求和现行有关标准的规定
	3	焊条、焊剂的品种、性能、牌号		符合设计要求和现行有关标准的规定
	4	钢筋级别		符合设计要求和现行有关标准规定
	5	焊前试焊		模拟施工条件试焊必须合格
	6	钢筋焊接接头的机械性能		符合 JGJ 18 的规定
	7	预埋件的型号		符合设计要求和现行有关标准规定
	8	外观质量		表面应无焊痕、明显凹陷和损伤
	9	埋弧压力焊	钢筋相对钢板的角度偏差	≤3°
			钢筋间距偏差	±10mm

续表

类别	序号	检查项目		质量标准
主控项目	10	手工电弧焊	焊脚尺寸 Ⅰ级钢筋	贴脚焊缝不小于0.5倍钢筋直径
			焊脚尺寸 Ⅱ级钢筋	贴脚焊缝不小于0.6倍钢筋直径
			气孔或夹渣 数量	≤3个
			气孔或夹渣 直径	≤1.5mm
一般项目	1	平整偏差		≤3mm或（2）*
	2	型钢埋件挠曲		不大于1/1000型钢埋件长度，且不大于5mm
	3	预埋件尺寸偏差		+10～-5mm
	4	螺栓及螺纹长度偏差		+10～0mm
	5	预埋管的椭圆度		不大于1%预埋管直径

注：*括号内数字为支撑盘柜设备预埋件拆模后允许偏差。

二、检查验收阶段

装配式混凝土建筑施工应按现行国家标准《建筑工程施工质量验收统一标准》GB 50300的有关规定进行单位工程、分部工程、分项工程和检验批的划分和质量验收。

装配式混凝土结构连接节点及叠合构件浇筑混凝土前，应进行隐蔽工程验收。隐蔽工程验收应包括预埋件、预留管线的规格、数量、位置等。

（一）主控项目

（1）预制楼板类构件预埋件外形尺寸允许偏差及检验方法（见表4-5）：

表 4-5 预制楼板类构件检验方式

序号	项目		允许偏差（mm）	检验方法
1	预埋部件	预埋钢板 中心线位置偏差	5	用尺量测纵横两个方向的中心线位置，取其中较大值
		预埋钢板 平面高差	0, -5	用尺紧靠在预埋件上，用楔形塞尺量测预埋件平面与混凝土面的最大缝隙
2		预埋螺栓 中心线位置偏差	5	用尺量测纵横两个方向的中心线位置，取其中较大值
		预埋螺栓 外露长度	+10, -5	用尺量
3		预埋线盒、电盒 在构件平面的水平方向中心位置偏差	10	用尺量
		预埋线盒、电盒 与构件表面混凝土同差	0, -5	用尺量
4	预留孔	中心线位置偏移	5	用尺量测纵横两个方向的中心线位置，取其中较大值
		孔尺寸	±5	用尺量测纵横两个方向尺寸，取其最大值
5	预留洞	中心线位置偏移	5	用尺量测纵横两个方向的中心线位置，取其中较大值
		洞口尺寸、深度	±5	用尺量测纵横两个方向尺寸，取其最大值
6	预留插筋	中心线位置偏移	3	用尺量测纵横两个方向的中心线位置，取其中较大值
		外露长度	±5	用尺量
7	吊环、木砖	中心线位置偏移	10	用尺量测纵横两个方向的中心线位置，取其中较大值
		留出高度	0, -10	用尺量
8	桁架钢筋高度		+5, 0	用尺量

（2）预制墙板类构件预埋件外形尺寸允许偏差及检验方法（见表4-6）：

表4-6 预制墙板类构件检验方式

序号	项目		允许偏差（mm）	检验方法
1	预埋部件	预埋钢板 中心线位置偏移	5	用尺量测纵横两个方向的中心线位置，取其中较大值
		预埋钢板 平面高差	0，-5	用尺紧靠在预埋件上，用楔形塞尺量测预埋件平面与混凝土面的最大缝隙
2	预埋部件	预埋螺栓 中心线位置偏移	2	用尺量测纵横两个方向的中心线位置，取其中较大值
		预埋螺栓 外露长度	+10，-5	用尺量
3		预埋套筒、螺母 中心位置偏移	2	用尺量测纵横两个方向的中心线位置，取其中较大值
		预埋套筒、螺母 与构件表面混凝土同差	0，-5	用尺紧靠在预埋件上，用楔形塞尺量测预埋件平面与混凝土的最大缝隙
4	预留孔	中心线位置偏移	5	用尺量测纵横两个方向的中心线位置，取其中较大值
		孔尺寸	±5	用尺量测纵横两个方向尺寸，取其最大值
5	预留洞	中心线位置偏移	5	用尺量测纵横两个方向的中心线位置，取其中较大值
		洞口尺寸、深度	±5	用尺量测纵横两个方向尺寸，取其最大值
6	预留插筋	中心线位置偏移	3	用尺量测纵横两个方向的中心线位置，取其中较大值
		外露长度	±5	用尺量

续表

序号	项目		允许偏差（mm）	检验方法
7	吊环、木砖	中心线位置偏移	10	用尺量测纵横两个方向的中心线位置,取其中较大值
		与构件表面混凝土高差	0,-10	用尺量

（3）预制梁柱桁架类构件预埋件外观尺寸允许偏差及检验方法（见表4-7）：

表4-7　　　　预制梁柱桁架类构件检验方式

序号	项目		允许偏差（mm）	检验方法
1	预埋部件	预埋钢板 中心线位置偏移	5	用尺量测纵横两个方向的中心线位置,取其中较大值
		预埋钢板 平面高差	0,-5	用尺紧靠在预埋件上,用楔形塞尺量测预埋件平面与混凝土面的最大缝隙
2		预埋螺栓 中心线位置偏移	2	用尺量测纵横两个方向的中心线位置,取其中较大值
		预埋螺栓 外露长度	+10,-5	用尺量
3	预留孔	中心线位置偏移	5	用尺量测纵横两个方向的中心线位置,取其中较大值
		孔尺寸	±5	用尺量测纵横两个方向尺寸,取其最大值
4	预留洞	中心线位置偏移	5	用尺量测纵横两个方向的中心线位置,取其中较大值
		洞口尺寸、深度	±5	用尺量测纵横两个方向尺寸,取其最大值

续表

序号	项目		允许偏差（mm）	检验方法
5	预留插筋	中心线位置偏移	3	用尺量测纵横两个方向的中心线位置，取其中较大值
		外露长度	±5	用尺量
6	吊环、木砖	中心线位置偏移	10	用尺量测纵横两个方向的中心线位置，取其中较大值
		与构件表面混凝土高差	0，−10	用尺量

（二）一般项目

（1）连接螺栓应按包装箱配套供货，包装箱上应标明批号、规格、数量及生产日期。螺栓、螺母、垫圈外表面应涂刷防锈漆或喷涂等处理。外观表面应光洁、完整。栓体不得出现锈蚀、裂缝或其他局部缺陷，螺纹不应损伤。

检查数量：按包装箱抽查5%，且不应少于3箱。检验方法：开箱逐个目测检查。

（2）套筒外观不得有裂缝、过烧及氧化皮。

检查数量：每种规格抽查5%，且不应少于10只。检验方法：观察检查。

（3）预制构件外墙挂板连接混凝土结构的螺栓、紧固标准件及螺母、垫圈等配件，其品种、规格、性能等应符合现行国家标准与设计要求。

检查数量：全数检查。检验方法：检查产品的质量合格证明文件。

（4）预制构件钢筋连接用套筒，其品种、规格、性能等应符合现行国家标准与设计要求。

检查数量：全数检查。检验方法：检查产品的质量合格证明文件。

（5）预制构件与结构之间的连接应符合设计要求，连接处钢筋或埋件采用焊接或机械连接时接头质量应符合国家现行标准《钢筋焊接及验收规程》JJ 18、《钢筋机械连接通用技术规程》JGJ 107 的要求。

检查数量：全数检查。检验方法：观察、检查施工记录与隐蔽验收记录。

（6）预制构件上的预埋件、预留插筋、预埋管线等的规格和数量以及预留孔、预留洞的数量应符合设计要求。

检查数量：逐件检验。检验方法：观察。

三、预埋工程质量自检

预埋工程质量自检情况见表 4-8。

表 4-8　　　　　预埋工程质量自检情况

项目		允许偏差（mm）	检验方法
预留孔	中心线位置	5	尺量检查
	孔尺寸	±5	
预留洞	中心线位置	10	尺量检查
	洞口尺寸	±10	
预埋件	预埋板中心线位置	5	尺量检查
	预埋板与混凝土面平面高差	±5	
	预埋螺栓、预埋套筒中心位置	2	
	预埋螺栓外露长度	+10，-5	

四、组织施工班组进行质量自检与交接检

施工中严格执行"三检"制度；每道工序完成后必须经过班组自检、互检、交接检认定合格后。由专业质检员进行复查，并完

善相应资料,报监理工程师检查验收合格后,才能进行下一步工序施工。

(1) 自检:操作工人在施工过程中,按施工技术交底及有关规范要求,随时进行自我检查并整改;

(2) 互检:同班组操作工人,在操作过程中,按技术交底及有关规范要求,随时进行他人质量检查并整改,检查组织由班组长领导;

(3) 交接检:上道工序的施工班组完工后,与将继续操作下一道工序的施工班组进行交接检查验收,交接检由项目工程师组织。

附录
预埋工检查验收应知应会

序号	分类		要求	初级	中级	高级
1	第一节 要求	相关规范标准	相关的质量验收的国家、行业和地方标准		○	■
2	第二节 质量验收	预埋工程安装	能够对预埋工程进行质量自检		√	
			能够组织施工班组进行质量自检与交接检			√

注:○表示"了解",■表示"熟悉",√表示"实际操作"。

第五章
运维

本章主要内容包括成品保护、信息化技术应用、"四新"（新技术、新工艺、新材料和新设备）技术应用及发展动态和趋势，并列出案例进行分析，从而更直观地展示预埋施工过程中的要求。

第一节
成品保护

（1）为保证地脚螺栓的螺纹部分不沾染混凝土，柱基础浇筑混凝土前，在地脚螺栓有螺纹的部分刷黄油并用塑料套管将地脚螺栓的螺纹部分罩住，模板拆除后，用彩条布将螺栓的螺纹部分保护密封，然后插上旗杆，以保护地脚螺栓在回填土过程中不被损坏。

（2）在浇筑混凝土过程中，振动棒必须从基础柱模板四周插入振捣，严禁只从一面振捣。振动过程中振动棒严禁与地脚螺栓接触。

（3）在基础短柱混凝土浇筑完成后，混凝土初凝之前对螺栓位置进行及时校正，发现问题及时解决。

（4）预埋完成后，对螺栓及时进行围护标示，做好成品保护；

预埋的地脚螺栓丝口上涂抹黄油保护，加设塑料保护套。

（5）水电工应加强与木工、钢筋工、混凝土工等工种的配合，防止预埋阶段伸出楼板线管被材料压坏和人为损坏，防止线管拆模时人为损坏，防止砌墙时线管被人为封死和堵塞。

（6）水电工应做好技术性保护措施，线管预埋时板面线管高出楼板结构面50mm，梁底线管伸出梁底50mm，露出板面线管要封堵严密，防止混凝土浇筑时堵塞。

（7）混凝土浇筑时做好布料机周边的线管保护，混凝土浇筑时要安排水电工值班，做好损坏线管的保护；伸出板面成排线管用木盒做好保护，单线管用PVC套盒保护，给水管用砂浆做好保护，排水管表面用薄膜做好保护，防止砂浆污染，线盒开口端用胶带封好，防止抹灰时砂浆进入。

（8）预制构件暴露在空气中的预埋铁件应涂抹防锈漆，预制构件的预埋螺栓孔应填塞海绵棒。

第二节
信息化技术应用

建筑业信息化是建筑业发展战略的重要组成部分，也是建筑业转变发展方式、提质增效、节能减排的必然要求，对建筑业绿色发展、提高人民生活品质具有重要意义。

一、指导思想

认真贯彻党的十九大精神和国务院推进信息化发展相关精神，落实创新、协调、绿色、开放、共享的发展理念及国家大数据战略。

按照"互联网+"行动等相关要求,实施《国家信息化发展战略纲要》,增强建筑业信息化发展能力,优化建筑业信息化发展环境,加快推动信息技术与建筑业发展深度融合,充分发挥信息化的引领和支撑作用,塑造建筑业新业态。

二、发展目标

"十四五"时期,全面提高建筑业信息化水平,着力增强BIM、大数据、智能化、移动通讯、云计算、物联网等信息技术集成应用能力,建筑业数字化、网络化、智能化取得突破性进展,初步建成一体化行业监管和服务平台,数据资源利用水平和信息服务能力明显提升,形成一批具有较强信息技术创新能力和信息化应用达到国际先进水平的建筑企业及具有关键自主知识产权的建筑业信息技术企业。

三、主要任务

(一)企业信息化

建筑企业应积极探索"互联网+"形势下管理、生产的新模式,深入研究BIM、物联网等技术的创新应用,创新商业模式,增强核心竞争力,实现跨越式发展。

(二)行业监管与服务信息化

积极探索"互联网+"形势下建筑行业格局和资源整合的新模式,促进建筑业行业新业态,支持"互联网+"形势下企业创新发展。

(三) 专项信息技术应用

1. 大数据技术

研究建立建筑业大数据应用框架，统筹政务数据资源和社会数据资源，建设大数据应用系统，推进公共数据资源向社会开放。

汇聚整合和分析建筑企业、项目、从业人员和信用信息等相关大数据，探索大数据在建筑业创新应用，推进数据资产管理，充分利用大数据价值。建立安全保障体系，规范大数据采集、传输、存储、应用等各环节安全保障措施。

2. 云计算技术

积极利用云计算技术改造提升现有电子政务信息系统、企业信息系统及软硬件资源，降低信息化成本。挖掘云计算技术在工程建设管理及设施运行监控等方面的应用潜力。

3. 物联网技术

结合建筑业发展需求，加强低成本、低功耗、智能化传感器及相关设备的研发，实现物联网核心芯片、仪器仪表、配套软件等在建筑业的集成应用。开展传感器、高速移动通讯、无线射频、近场通讯及二维码识别等物联网技术与工程项目管理信息系统的集成应用研究，开展示范应用。

4. 3D 打印技术

积极开展建筑业 3D 打印设备及材料的研究。结合 BIM 技术应用，探索 3D 打印技术运用于建筑部品、构件生产，开展示范应用。

5. 智能化技术

开展智能机器人、智能穿戴设备、手持智能终端设备、智能监测设备、3D 扫描等设备在施工过程中的应用研究，提升施工质量和效率，降低安全风险。探索智能化技术与大数据、移动通讯、云计算、物联网等信息技术在建筑业中的集成应用，促进智慧建造和智慧企业发展。

第三节
新技术、新工艺、新材料和新设备应用

设备管线应进行综合设计,减少平面交叉,由于装配式建筑的特殊形式,其内部的管道综合尤为重要。当水平管线必须暗敷时,应敷设于叠合楼板的现浇层内,采用包含 BIM 技术在内的多种手段开展三维管线综合设计,避免在同一地点出现多根电气管线交叉敷设的现象。

一、管线 BIM 综合设计

对装配式建筑结合机电安装管线进行深化设计,将管线预留预埋拆分,分为工厂制作预留预埋与施工现场预留预埋,特别对户内配电箱、多媒体箱及进出线管作出如下要求:

户内配电箱、多媒体箱处出线回路集中,强弱电管线出现交叉重叠情况较多,若在叠合板上敷设不能保证楼板的施工质量,必须将箱体定位埋设在现浇墙体内。

板墙内利用开关盒、强弱电箱体直接固定的钢筋上,并根据墙体厚度焊好固定钢筋,使盒口或箱口与墙体平面平齐。用水平尺对箱体的水平度和垂直度进行校正,用泡沫板塞满整个箱体,并用胶带包裹箱体,防止混凝土浇注时反浆。

现浇墙体箱体留洞由土建结构支模,安装核实位置、尺寸(尺寸由配电箱生产厂家提供)。

二、管理路由优化

电气预埋时,塑料管 P20 外径 20mm,三层电气管线交叉厚度为 60mm,再加上结构保护层及钢筋网片的厚度 20～25mm,超过现浇层厚度 70～80mm,不能保证楼板的施工质量。

管路路由优化:把照明、强弱电照明插座的预埋管线汇总在一起,对存在三层管线交叉的情况进行线路优化,使叠合板上现浇层内最多两层电气管线交叉。

三、公共区域及机房 BIM 三维模拟施工

对公共区域及机房进行三维模拟施工,解决管线碰撞施工(见图 5-1)。

图 5-1 BIM 管线碰撞检查

采用分层、分专业的模型绘制,将土建模型与安装模型分开绘制,最后整合为一体。

可视化漫游模拟,提供精准的信息参考及统一的可视化环境,可有效对细节位置进行沟通。

四、叠合板电气预埋盒

普通灯线盒高度为60mm,埋设在叠合板内时,线管连接操作困难,且容易堵塞,造成人工、材料的浪费。

经反复比较及调研,采用定制专用的灯线盒,盒体高度100mm,大于叠合板预制部分厚度40mm,敲落孔孔中距盒顶部20mm,盒体对称侧有两个穿钢筋套管。灯线盒在叠合楼板上预埋时,利用已穿的附加定位钢筋与主筋绑扎牢固,防止浇筑混凝土时预埋线盒移位。叠合板电气预埋盒见图5-2。

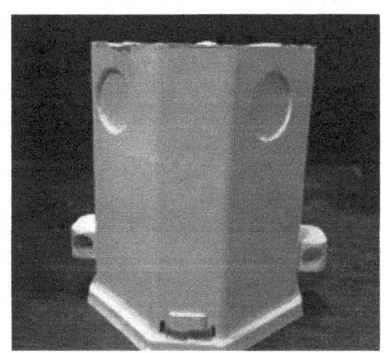

图5-2 叠合板电气预埋盒

五、叠合楼板上强电低位插座及管路定位

叠合楼板上现浇层内的预埋线管,在其引上至外墙板内插座时,墙板内预留操作空间一般为200×200×100mm或200×100×100mm,定位线管不易控制,常常造成线管错位或引上线管被外墙板压扁,以至于线管堵塞的情况,无法保证施工要求(见图5-3)。

图 5-3　预留线管位置不准确导致线管与墙板线管连接困难

针对上述技术问题，研制出了"一种 PC 建筑线管预埋辅助定位模板"（见图 5-4），该辅助定位模板人工放置误差小，能精确定位叠合板上现浇层预埋线管的引上点，规避了人工调整及复核所带来的定位误差，有效保证线管施工质量，加快施工进度，同时，本模板可反复使用，节约材料，绿色环保。

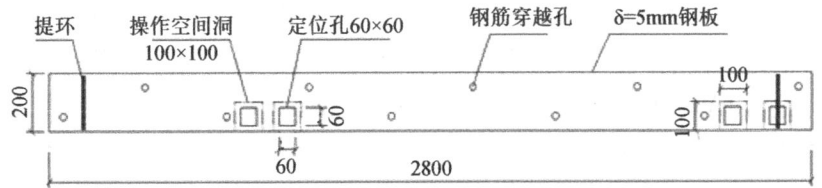

图 5-4　PC 建筑线管预埋辅助定位模板示意图（单位：mm）

对于预制装配式结构，配管完成后应及时进行扫管，这样能够及时发现堵管不通现象，便于处理及在下一层进行改进。对于后砌墙体，在抹灰前进行扫管，有问题时修改管路，便于土建修复。经过扫管后确认管路畅通，及时穿好带线，并将管口、盒口、箱口堵好，加强成品配管保护，防止出现二次塞管路现象。

六、外墙板操作空间内线管连接

墙板内预留操作空间一般为 200×200×100mm 或 200×100×100mm，操作空间小、距离短，现浇层内的预埋引上线管和墙板预留线管采用传统连接方式，易出现连接不严密、不牢固的问题。

图 5-5　使用电动磨具对 PVC 直接内壁檐口打磨

经现场调研及试验，施工时，先使用电动磨具对 PVC 直接内壁檐口打磨（见图 5-5），使 PVC 直接能自由滑动于 PVC 管。通过对 PVC 直接的加工改良，解决了预埋引上线管和墙板预留线管连接困难、不严密牢固的问题。

七、管线穿越叠合楼板/叠合梁

高位挂机空调插座、灯具、开关水平管线在房间的顶部叠合楼板现浇层敷设，开关线引下至开关盒的导线，穿越叠合楼板时，预留直径 80mm 的孔洞。管线穿越叠合梁时，在叠合梁上预留直径 50mm 的套管（见图 5-6）。

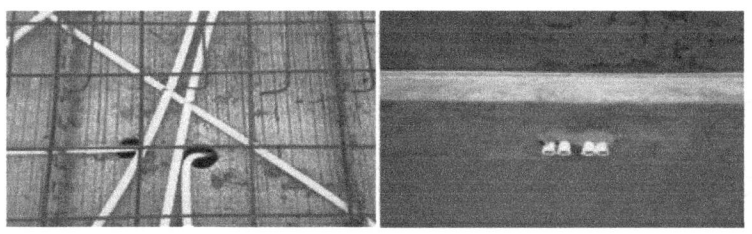

图 5-6　管线穿越叠合楼板/叠合梁

八、可调式线盒确保定位符合要求

PC 建筑外墙板是预制工厂标准化构件产品，施工现场装配完成后不允许再在上面剔打破坏结构。但在后期施工过程中，常因为区域电气功能变化或增加，容易造成外墙板上预留插座原定位不准确、报废，或需新增插座等情况，需从其他途径重新敷设电气管盒，造成返工及材料的浪费。

为确保线盒定位准确，符合要求，特研制出一种可调式线盒（见图 5-7），该线盒上安装有插座，且插座的具体位置可调，避免了因区域电气功能变化而造成线盒报废或外墙板上胡乱剔打破坏结构等情况，节省了人力物力。

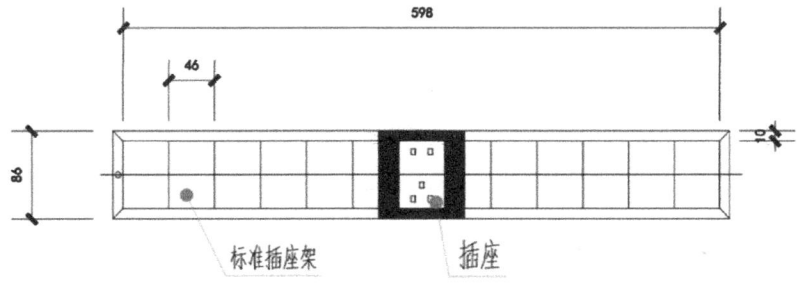

图 5-7　可调式线盒示意图（单位：mm）

第四节
发展动态和趋势

2010年住房和城乡建设部发部了《CSI住宅建设技术导则》（试行），为我国工业化住宅明确了发展方向。其核心内容之一即为"所有机电管线应与结构体分离"。

（1）电线管及通风管在吊顶内安装，给排水及采暖干管敷设在架空地板内。

（2）贴面墙技术。隔墙内部空间敷设机电管线，即所谓的双层贴面墙；外墙与室内装饰面层间作为机电管线敷设的空间。

（3）采用排水集合器的技术。在公共空间管道井设置公用立管，室内各卫生器具排水横管以一定坡度接至排水集合器再与公用立管相接；室内采用同层排水技术。

（4）施工现场拼装的整体浴室技术。

（5）采用预制模块化供暖板直接铺设于架空地板上，供暖干管敷设于架空地板下方的干式地暖技术。

附录
预埋工成品保护及新技术应用应知应会

序号	分类	要求	初级	中级	高级
1	第一节 成品保护	能够采取防护措施，在隐蔽前对预埋件、预埋管及预埋螺栓进行成品保护，能够及时对位置偏移、外观损坏的预埋件、预埋管道及预埋螺栓进行修补及更换	√		
2	第二节 信息化技术应用	建筑业信息技术相关知识及预埋工的发展动态和趋势			○
3	第三节 新技术、新工艺、新材料和新设备应用	能够推广应用预埋工程新技术、新工艺、新材料和新设备，能够对本工种相关的工器具、施工工艺进行优化与革新			√

注：○表示"了解"，√表示"实际操作"。

案例分析

一、工程建设总体概况

乌鲁木齐奥林匹克体育中心体育馆位于乌鲁木齐市喀什路东延以南、会展大道以东，西邻俊发欢乐谷，南邻乌鲁木齐会展中心综合医院。地上部分总建筑面积约48072m^2，总座位数12736座。看台分区见表1。

表1　　　　看台板分区/分类统计　　　　单位：块

分区/分类	看台板	踏步	栏板
高区	842	440	56
中区	118	66	—
低区	646	346	—
合计	1606	852	56

工程总体概况见表2。

表2　　　　工程总体概况一览

名　目	内　容
工程名称	乌鲁木齐奥林匹克体育中心体育馆

续表

名　目	内　容		
工程地点	位于乌鲁木齐市喀什路东延以南、会展大道以东，西邻俊发欢乐谷，南邻乌鲁木齐会展中心综合医院		
建设单位	乌鲁木齐中城丝路体育管理有限公司		
设计单位	中信建筑设计研究总院有限公司		
总承包单位	中建三局集团有限公司		
监理单位	新疆昆仑工程监理有限责任公司		
工程类别	公共建筑	工期要求	135天
合同承包范围	预制看台板的生产及安装		
承包方式	劳务分包		
甲指分包和甲方直接分包范围	高中低区看台板的生产及安装		
甲供材料、设备范围	无		
其他重点	成品保护		

二、预制看台工程概况

(一) 预制看台板图纸设计内容和要求

(1) 预制看台构件分区范围：低区看台（建筑标高3.830~7.500m）、中区看台（建筑标高10.365~11.700m），高区看台（14.290~23.807m）。

(2) 预制清水看台板种类：预制看台板、踏步、栏板。本工程看台板1606块，高区842块，中区118块，低区646块。踏步：822块，高区：440块，中区：66块，低区：316块。栏板：56块。高区：56块。

(3) 钢筋：采用HPB300和HRB400级钢筋，钢筋原材料进场时，收集质量证明文件，按国家现行相关标准规定抽样复试检验合格后方可入库使用。

（4）P.O42.5级普通硅酸盐水泥，碱含量≤0.6%；同时要求选用同厂家、同品种的质量稳定，颜色均匀一致，有利于生产出来的构件外观颜色基本一致；进厂收集型式检验报告、合格证、出厂检验报告，进厂后复试检验。

（5）砂石料：采用无潜在碱活性砂石料，砂子采用级配良好的Ⅱ区中砂，石子采用粒径在5~20mm之间的连续级配的碎石或碎卵石；砂石料来源稳定，颜色一致；进厂收集型式检验报告、合格证、出厂检验报告，进厂后复试检验。

（6）掺合料：使用高品质Ⅰ级F类粉煤灰掺合料，进厂附有出厂合格证书和检验文件，所用粉煤灰质量稳定、颜色均匀一致，有利于生产出来的构件外观颜色基本一致，掺合料选定后封样对比检验；进厂收集型式检验报告、合格证、出厂检验报告，进厂后复试检验。

（7）外加剂：采用适合蒸汽养护的低碱聚羧酸高性能（早强型）减水剂，不得含有氯化物，外加剂引入混凝土中的碱含量应小于$0.3kg/m^3$；选用同厂家、同品种以保证构件外观颜色一致，以及在保证混凝土和易性前提下具有合适的含气量以有利于气泡排出；进厂收集型式检验报告、合格证、出厂检验报告，进厂后按规定进行进厂后复试检验、与水泥的相容性试验和混凝土试配；外加剂选定后封样对比检验。

（8）拌制混凝土采用饮用水；水质应符合国家现行标准《混凝土用水标准》JGJ 63—2006的规定。

（9）混凝土：所用混凝土强度等级C40，坍落度控制在130~150mm；计量准确，搅拌均匀，碱含量≤$3kg/m^3$，氯离子含量≤0.06%；保证混凝土拌合物和易性、强度和耐久性符合构件预制生产和设计要求。

（10）安装连接用的连接件采用经镀锌处理的Q235B钢材，镀锌层厚度不小于80μm。

(11) 安装用的灌浆料采用强度为 60MPa 无收缩水泥基灌浆料。

(12) 看台支座采用 GJZ 180×120×120mm 板式橡胶支座,看台板水平缝处均布置 80×80×10mm 氯丁橡胶垫板作为支座,间距不大于 1m。

(13) 看台板之间的接缝均采用耐候密封胶,变形位移能力及剥离粘接性能满足国家相关标准要求。

(二) 看台板平面分区图

根据奥体中心看台板拆分图分别将高中低区共拆分为八大区域模块;2-11~2-18 轴为 C2 区,2-39~2-46 轴为 C1 区,2-18~2-25 轴为 B3 区,2-32~2-39 轴为 B2 区,2-46~2-53 轴为 B1 区,2-4~2-11 轴为 B4 区,2-25~2-32 轴为 A2 区,2-53~2-4 轴为 A1 区。

(三) 施工主要材料

1. 施工主要材料(见表 3)

表 3　　　　　　　　施工主要材料一览

序号	材料名称	规格	备注
1	水泥砂浆	M15	—
2	镀锌销杆	Q235 钢材	—
3	板式橡胶支座	180×120×120mm	
4	氯丁橡胶垫板	80×80×10mm	
5	灌浆料	强度 60MPa	
6	聚乙烯圆棒	Φ20　Φ30	
7	耐候密封胶	—	清水混凝土色

2. 看台板埋件

(1) 吊环：

吊环的形式与构造见图1。其中，图（a）为吊环用于梁、柱等截面高度较大的构件；图（b）为吊环用于截面高度较小的构件；图（c）为吊环焊在受力钢筋上，埋入深度不受限制；图（d）为吊环用于构件较薄且无焊接条件时，在吊环上压几根短钢筋或钢筋网片加固。

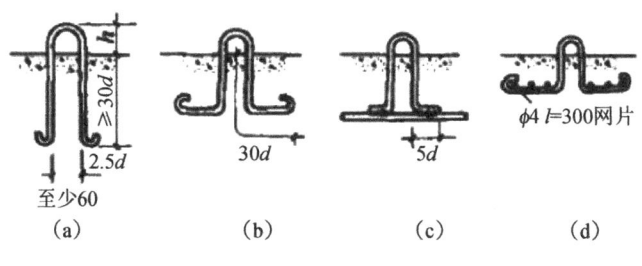

图1 吊环形式

吊环的弯心直径为 $2.5d$（d 为吊环钢筋直径），且不得小于60mm。

吊环的埋入深度不应小于 $30d$，并与主筋钩牢。埋深不够时，可焊在受力钢筋上。

吊环露出混凝土的高度，应满足穿卡环的要求；但也不宜太长，以免遭到反复弯折。其值可参考表4的数值选用。

(2) 吊环的设计计算，应满足下列要求：

①吊环应采用HPB235级钢筋制作，严禁使用冷加工钢筋；

②在构件自重标准值作用下，每个吊环按多少个截面计算的吊环应力不大于 $50N/mm^2$（已考虑超载系数、吸附系数、动力系数、钢筋弯折引起的应力集中系数、钢筋角度影响系数等）。

③构件上设有四个吊环时，设计时仅取三个吊环进行计算。吊环的应力计算公式：

$$\sigma = \frac{G}{n \times As}$$

式中：A_s——一个吊环的钢筋截面面积（mm^2）；G——构件重量（t）；σ——吊环的拉应力（N/mm^2）；n——吊环截面个数，即2个吊环时为4，4个吊环时为6。

根据上式算出吊环直径与构件重量的关系（见表4）。

表4　　　　　　　　　吊环选用情况

吊环直径 （mm）	构件重量（t）		吊环露出混凝土的高度 h（mm）
	2个吊环	4个吊环	
6	0.58	0.87	50
8	1.02	1.53	50
10	1.60	2.41	50
12	2.31	3.46	60
14	3.14	4.71	60
16	4.10	6.15	70
18	5.19	7.80	70
20	6.41	9.61	80
22	7.76	11.63	90
25	10.02	15.03	100
28	12.56	18.84	110

（3）看台板连接件：

看台板连接件主要由两部分组成：预锚板 M_1、连接杆（L_1、L_2），均采用Q235级钢（见图2）。

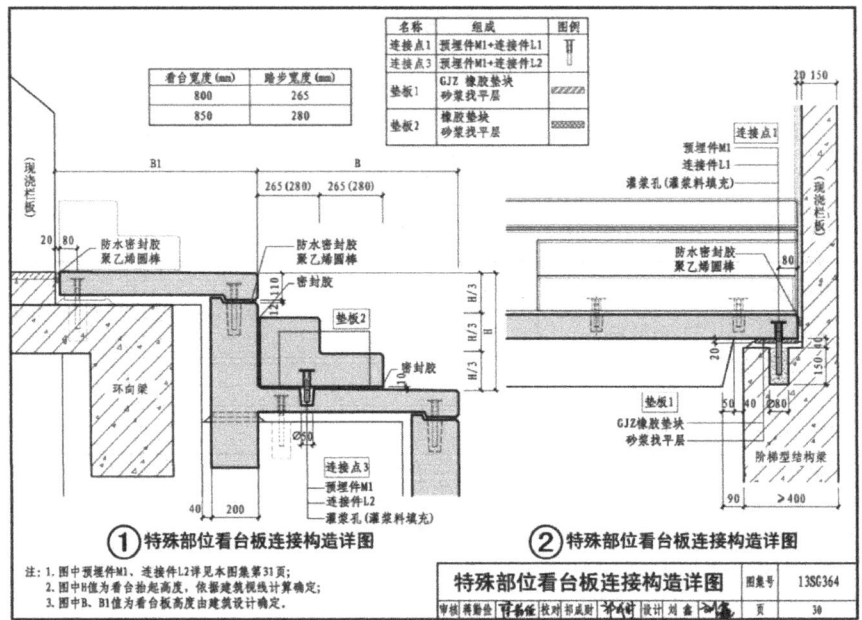

图 2 特殊部位看台板连接构造详图

复习题库

初级预埋工题库

一、单选题

1. 用预制的块状材料砌成墙体的装配式建筑，适于建造（　　）层建筑，如提高砌块强度或配置钢筋，还可适当增加层数。

A. 1～3　　　　　　　　B. 2～4
C. 3～5　　　　　　　　D. 4～6

2. 砌块建筑适应性强，生产工艺简单，施工简便，造价较低，还可利用地方材料和工业废料。建筑砌块有小型、中型、大型之分：小型砌块（　　）。

A. 可使用大型机械吊装
B. 可人工搬运和砌筑，工业化程度较低，灵活方便，使用范围较广
C. 可用小型机械吊装，可节省砌筑劳动力
D. 现已被预制大型板材所代替

3. 中型砌块（　　）。

   A. 可使用大型机械吊装

   B. 可人工搬运和砌筑，工业化程度较低，灵活方便，使用范围较广

   C. 可用小型机械吊装，可节省砌筑劳动力

   D. 现已被预制大型板材所代替

4. 大型砌块（　　）。

   A. 可使用大型机械吊装

   B. 可人工搬运和砌筑，工业化程度较低，灵活方便，使用范围较广

   C. 可用小型机械吊装，可节省砌筑劳动力

   D. 现已被预制大型板材所代替

5. 砌块有（　　）两类，砌块的接缝是保证砌体强度的重要环节，一般采用水泥砂浆砌筑，小型砌块还可用套接而不用砂浆的干砌法，可减少施工中的湿作业。有的砌块表面经过处理，可作清水墙。

   A. 实心和空心　　　　B. 有孔和无孔

   C. 高耐久和低耐久　　D. 大型和小型

6. （　　）由预制的大型内外墙板、楼板和屋面板等板材装配而成，又称大板建筑。

   A. 砌块建筑　　　　　B. 板材建筑

   C. 盒式建筑　　　　　D. 升板升层建筑

7. （　　）是从板材建筑的基础上发展起来的一种装配式建筑。这种建筑工厂化的程度很高，现场安装快。

   A. 砌块建筑　　　　　B. 板材建筑

   C. 盒式建筑　　　　　D. 升板升层建筑

8. （　　）是板柱结构体系的一种，但施工方法则有所不同。这种建筑是在底层混凝土地面上重复浇筑各层楼板和屋面板，竖立预制钢筋混凝土柱子，以柱为导杆，用放在柱子上的油压千斤顶把

楼板和屋面板提升到设计高度,加以固定。

  A. 砌块建筑   B. 板材建筑
  C. 盒式建筑   D. 升板升层建筑

  9. 预制装配式（ ）建筑以钢柱及钢梁作为主要的承重构件。

  A. 钢结构   B. PC 结构
  C. 木结构   D. 集装箱式房屋

  10. 预制装配式混凝土结构（装配整体式钢筋混凝土结构）是以预制的（ ）为主要构件,经工厂预制,现场进行装配连接,并在结合部分现浇混凝土而成的结构。

  A. 钢结构   B. PC 结构
  C. 木结构   D. 集装箱式房屋

  11. （ ）建筑从结构形式上分,一般为轻木结构和重型木结构,主要结构构件均采用实木锯材或工程木产品。

  A. 钢结构   B. PC 结构
  C. 木结构   D. 预制集装箱式房屋

  12. （ ）是用来确定房屋主要结构或构件的位置及其尺寸的基线。

  A. 轴线   B. 尺寸、标高
  C. 索引符号   D. 连接符号

  13. （ ）是连接构件与构件（钢筋与钢筋）,或起到锚固作用的预埋件。如灌浆套筒、钢筋锚板、直螺纹套筒、金属波纹管、哈芬槽、内墙连接件、板板连接件、外挂连接螺纹杆等。

  A. 结构连接件   B. 支模吊装件
  C. 填充物   D. 水电暖通等功能件

  14. （ ）是便于现场支模、支撑、吊装的预埋件。如锚栓套筒、塑料胀管、吊钉、提升管件等。

  A. 结构连接件   B. 支模吊装件
  C. 填充物   D. 水电暖通等功能件

15. （　　）是起到保暖、减重，或填充预留缺口的预埋件。如挤塑聚苯乙烯泡沫板、聚苯乙烯泡沫板、硅胶及硅胶填充件、岩棉等。

　　A. 结构连接件　　　　　　B. 支模吊装件
　　C. 填充物　　　　　　　　D. 水电暖通等功能件

16. （　　）是通水、通电、通气或连接外部互动部件的预埋件。如线管、给排水管、线盒、电箱及附件、套管、地漏等。

　　A. 结构连接件　　　　　　B. 支模吊装件
　　C. 填充物　　　　　　　　D. 水电暖通等功能件

17. （　　）连接技术适用于钢筋混凝土结构工程、钢结构工程、桥梁工程、海上石油开采平台工程、近海风力发电塔等领域。

　　A. 灌浆套筒　　　　　　　B. 钢筋锚固件
　　C. 贴焊锚筋　　　　　　　D. 螺纹连接

18. （　　）技术为混凝土结构中的钢筋锚固提供了一种全新的机械锚固方法，将螺帽与垫板合二为一的锚固板通过直螺纹连接方式与钢筋端部相连形成钢筋机械锚固装置。

　　A. 灌浆套筒　　　　　　　B. 钢筋机械锚固
　　C. 贴焊锚筋　　　　　　　D. 螺纹连接

19. （　　）是传递钢筋轴向拉力或压力的钢筋机械接头用的钢套管。

　　A. 灌浆套筒　　　　　　　B. 钢筋机械锚固
　　C. 直螺纹套筒　　　　　　D. 螺纹连接

20. 按直螺纹套筒的基本使用条件常用套筒型号分为标准型、异径型、正反丝扣型、（　　）、加锁母型几种，特殊型号套筒应符合相关设计要求。

　　A. 缩口型异径正反丝扣型　　B. 扩口型异径正反丝扣型
　　C. 扩口型异径反丝扣型　　　D. 扩口型异径正丝扣型

21. 直螺纹套筒的受拉极限承载力标准值不应小于被连接钢筋抗拉极限承载力的（　　）倍。

　　A. 1.1　　　　　　　　　　B. 1.2

C. 1.3　　　　　　　　D. 1.4

22. （　　）是采用优质钢带经轧波、卷管成形、咬口、切断等工序制成圆形和扁形波纹管。

　　A. 预应力金属波纹管　　　B. 直螺纹套筒
　　C. 哈芬槽　　　　　　　　D. 灌浆套筒

23. （　　）是利用膨胀锥与套筒的相对位移，促使套筒膨胀，与混凝土孔壁产生膨胀挤压力，并通螺母过剪切摩擦作用产生抗拔力，实现对固定件的锚固。

　　A. 粘结型锚栓　　　　　　B. 扩孔型锚栓
　　C. 膨胀型锚栓　　　　　　D. 化学植筋

24. （　　）是通过钻孔底部混凝土的扩孔，利用扩孔后形成的混凝土斜面与锚栓膨胀锥之间的机械互锁，实现对结构固定件的锚固。

　　A. 粘结型锚栓　　　　　　B. 扩孔型锚栓
　　C. 膨胀型锚栓　　　　　　D. 化学植筋

25. （　　）是通过特制的化学粘结剂（锚固胶），将螺杆及内螺纹管胶结固定于混凝土基材钻孔中，通过粘结剂与锚栓及粘结剂与混凝土孔壁间的粘结与锁键作用，实现对固定件的锚固。

　　A. 粘结型锚栓　　　　　　B. 扩孔型锚栓
　　C. 膨胀型锚栓　　　　　　D. 化学植筋

26. （　　）是通过化学粘结剂（锚固胶）将带肋钢筋胶结固定于混凝土基材钻孔中，通过粘结与锁键作用，实现带肋钢筋的锚固。

　　A. 粘结型锚栓　　　　　　B. 扩孔型锚栓
　　C. 膨胀型锚栓　　　　　　D. 化学植筋

27. （　　）又称为入墙膨胀胶粒，特性是回弹性好、拉答力大、耐冲击、不破裂、硬度强、不生锈、弹力大，采用PP、PA、PE材质注塑成。款式有鱼式入墙膨胀胶粒、直通膨胀胶粒等，配套粗牙自攻型螺丝使用。

A. 塑料胀管　　　　　　　B. 金属胀管
C. 吊环螺钉　　　　　　　D. 化学植筋

28.（　　）即沿着吊钉的轴线受拉力。
A. 轴向拉力　　　　　　　B. 斜向拉力
C. 侧向拉力　　　　　　　D. 正向拉力

29.（　　）即轴向拉力产生倾斜，在吊钉圆头部产生此种应力。一般在设计时需要考虑加固，以抵消产生的侧力。
A. 轴向拉力　　　　　　　B. 斜向拉力
C. 侧向拉力　　　　　　　D. 正向拉力

30.（　　）可能因为需要满足预制件的吊运需求，吊钉设计时安排要承受侧向拉力。此种情况，加固与吊运安全需要小心处理。
A. 轴向拉力　　　　　　　B. 斜向拉力
C. 侧向拉力　　　　　　　D. 正向拉力

31.（　　）若采用静力不确定的吊链，必须以2个吊钉来计算所能承受所有的载荷。
A. 静力确定系统　　　　　B. 静力不确定系统
C. 动力确定系统　　　　　D. 动力不确定系统

32.（　　）是经有特殊工艺连续挤出发泡成型的材料，其表面形成的硬膜均匀平整，内部完全闭孔发泡连续均匀，呈蜂窝状结构，因此具有高抗压、轻质、不吸水、不透气耐磨、不降解的特性。
A. 苯板　　　　　　　　　B. 聚苯乙烯泡沫板
C. 挤塑聚苯乙烯泡沫板　　D. 三合板

33.（　　）是一种粒状多孔的二氧化硅水合物，由硅酸钠加酸后洗涤干燥制得，主要用作干燥剂以及柱色谱和薄层色谱中的吸附剂。
A. 干燥剂　　　　　　　　B. 防腐剂
C. 固体胶　　　　　　　　D. 建筑硅胶

34. （　　）是优异的防火保温材料，也是国际上公认的"第五常规能源"中的主要节能材料。

　　A. 岩棉制品　　　　　　　　B. 苯板
　　C. 干挂石材　　　　　　　　D. 聚苯乙烯泡沫板

35. （　　）是连接排水管道系统与室内地面的重要接口，作为住宅中排水系统的重要部件，它排除的是地面水、水渍、固体物、纤维物、毛发、易沉积物等。

　　A. 排水口　　　　　　　　　B. 阀口
　　C. 地漏　　　　　　　　　　D. 检查口

36. （　　）是近期研制的新产品，它具有遇水膨胀的特殊性能，具有弹性接缝止水材料的密封防水作用。当接缝两面侧距离加大到弹性防水材料的弹性复原率以外时，由于该材料具有遇水膨胀的特性，在材料膨胀范围以内仍然能起止水作用。

　　A. 制品性止水条　　　　　　B. 自粘性胶条
　　C. 防水条　　　　　　　　　D. 腻子型止水条

37. （　　）具有吸水后膨胀率高、加压不失水、与空气接触不风化、耐酸碱性稳定、抗老化等优点。该产品主要应用于盾构施工法现砌接缝防水、建筑物变形缝、施工缝用止水带。

　　A. 制品性止水条　　　　　　B. 自粘性胶条
　　C. 防水条　　　　　　　　　D. 腻子型止水条

38. （　　）是由丁基橡胶填充挤增塑剂及其他特种助剂，经过特殊工艺加工而成的一种新型橡胶防水材料。它不仅填充混凝土气孔缝隙，而且在一定压力下与混凝土有良好的粘结力，使其与混凝土联为一体，起到防水止水的作用。

　　A. 制品性止水条　　　　　　B. 自粘性胶条
　　C. 防水条　　　　　　　　　D. 腻子型止水条

39. （　　）是由高密度聚乙烯（HDPE）经塑料挤出机挤出成型的单壁波纹管，用于后张预应力混凝土结构，作为预应力筋的成孔管道。

A. 预应力塑料波纹管　　　　　B. 金属波纹管
C. 塑料横纹管　　　　　　　　D. 正应力波纹管

40. （　　）在箱型基础或地下室，底板和外墙板的混凝土是分开浇捣的，下次再浇捣墙板混凝土时，就有一条施工冷缝，当这条缝的位置在地下水位线以下时，就容易产生渗水。

A. 防水条　　　　　　　　　　B. 自粘性胶条
C. 钢板止水带　　　　　　　　D. 制品性止水条

41. 钢筋和预埋件加工，钢筋弯折的弯弧内直径应符合下列规定：光圆钢筋，不应小于钢筋的（　　）倍。

A. 1.5　　　　　　　　　　　B. 2.0
C. 2.5　　　　　　　　　　　D. 3.0

42. 钢筋和预埋件加工，钢筋弯折的弯弧内直径应符合下列规定：335MPa级、400MPa级等带肋钢筋不应小于钢筋直径的（　　）倍。

A. 2　　　　　　　　　　　　B. 3
C. 4　　　　　　　　　　　　D. 5

43. 钢筋和预埋件加工，钢筋弯折的弯弧内直径应符合下列规定：箍筋弯折处不应（　　）纵向受力钢筋的直径。

A. 大于　　　　　　　　　　　B. 等于
C. 小于　　　　　　　　　　　D. 大于等于

44. 钢筋和预埋件加工，钢筋弯折的弯弧内直径应符合下列规定：纵向受力钢筋的弯折后平直段长度应符合设计要求；光圆钢筋末端做180°弯钩时，弯钩的平直段长度不应小于钢筋直径的（　　）倍。

A. 2　　　　　　　　　　　　B. 3
C. 4　　　　　　　　　　　　D. 5

45. 箍筋、拉筋的末端应按设计要求做弯钩，并应符合下列规定：对一般结构构件，箍筋弯钩的弯折角度不应小于90°，弯折后平直段长度不应小于箍筋直径的（　　）倍。

A. 2　　　　　　　　　　　　B. 3

C. 4　　　　　　　　　　D. 5

46. 定位轴线复核在作业层混凝土顶板上，弹设控制线以便安装墙体就位，保证预埋管道连接就位准确，包括墙体及洞口边线及墙体（　　）水平位置控制线。

A. 30cm　　　　　　　　B. 40cm
C. 50cm　　　　　　　　D. 60cm

47. 预埋件的制作过程应采取有效措施防止成品超标准变形，否则采取矫正措施，主要有（　　）矫正和（　　）矫正两种。（　　）

A. 冷，热　　　　　　　B. 正，负
C. 正，误　　　　　　　D. 精，略

48. 同一厂家、同一规格的灌浆套筒连接接头试件，连续检验10个验收批抽样试件抗拉强度检验合格时，验收批接头数量可扩大为（　　）个。

A. 1000　　　　　　　　B. 2000
C. 3000　　　　　　　　D. 4000

49. （　　）是以集装箱为基本单元，在工厂内流水生产完成各模块的建造并完成内部装修，再运输到施工现场，快速组装成多种风格的建筑。

A. 预制集装箱式房屋　　B. 板材建筑
C. 盒式建筑　　　　　　D. 升板升层建筑

50. （　　）具有良好的可调节性，可节省大量的安装时间，确保快速施工，节省成本。槽内使用填充物能够防止混凝土进入槽内。

A. 预应力金属波纹管　　B. 直螺纹套筒
C. 哈芬槽　　　　　　　D. 灌浆套筒

51. （　　）耐腐蚀性和耐撞击性极强，能在强大外力的撞击下，材质不破裂，韧性强。它用于高标砖的水质管道输送，质量和经济效果达到最佳，连接方式主要有冷胶溶接法。

A. PE 管 B. 2PVC-U 管
C. ABS D. PPR 管

52. 预制构件的混凝土强度等级不宜低于（　），预应力混凝土预制构件的混凝土强度等级不宜低于（　），现浇混凝土的强度等级不应低于（　）。（　）

A. C30，C40，C25 B. C30，C25，C40
C. C25，C30，C40 D. C20，C40，C25

53. 预制剪力墙结构体系使用较多的竖向钢筋连接是（　），降低了套筒的使用数量，也降低了综合成本。

A. 底部预留后浇区连接 B. 套筒灌浆连接
C. 螺旋箍筋约束浆锚搭接连接 D. 金属波纹管浆锚搭接连接

54. 建筑构件堆放应有一定的挂钩绑扎间距，堆放时，相邻构件之间的间距不小于（　）。

A. 300mm B. 200mm
C. 250mm D. 350mm

55. 建筑预制构件起吊时，绳索与件水平面所成夹角不宜小于（　），当小于该角度时，应经过验算或采用平衡钢梁起吊。

A. 45° B. 30°
C. 60° D. 90°

56. 钢筋套筒灌浆连接接头的（　）强度不应小于连接钢筋（　）强度标准值，且破坏时应断于接头外钢筋。（　）

A. 抗剪，抗拉 B. 抗拉，抗剪
C. 抗剪，抗剪 D. 抗拉，抗拉

57. 接头试件及灌浆料试件应在（　）养护条件下养护，接头试件在试验前不应进行（　）。（　）

A. 标准，预拉 B. 同条件，预拉
C. 标准，抗压 D. 同条件，抗压

58. 套筒灌浆连接施工前应（　）。

A. 组织进行专家论证 B. 编制施工组织设计

C. 编制专项施工方案　　　　D. 提报施工人员名单

59. 套筒灌浆构件制作中，连接钢筋与全灌浆套筒安装时，应逐根插入灌浆套筒内，插入深度应满足设计（　　）要求。

　　A. 搭接长度　　　　　　　B. 锚固深度
　　C. 锚固长度　　　　　　　D. 搭接深度

60. 钢筋套筒灌浆连接目前主要用于（　　）结构中墙柱等重要（　　）构件中的底部钢筋同截面100%连接处。（　　）

　　A. 装配式，横向　　　　　B. 装配式，竖向
　　C. 剪力墙，横向　　　　　D. 剪力墙，竖向

61. 工程应用套筒灌浆连接及验收时，型式检验报告送检单位与现场接头提供单位应（　　）。

　　A. 不同　　　　　　　　　B. 相似
　　C. 一致　　　　　　　　　D. 分类

62. 当施工过程中灌浆料抗压强度、灌浆质量不符合要求时，应由（　　）提出技术处理方案。

　　A. 建设单位　　　　　　　B. 监理单位
　　C. 施工单位　　　　　　　D. 设计单位

63. 施工中若更换灌浆套筒、灌浆料，应（　　）进行接头型式检验及规定的灌浆套筒、灌浆料进场检验与工艺检验。

　　A. 重复　　　　　　　　　B. 重新
　　C. 反复　　　　　　　　　D. 继续

64. 接头试件及灌浆料试件应在标准养护条件下养护（　　）。

　　A. 15d　　　　　　　　　B. 30d
　　C. 28d　　　　　　　　　D. 7d

65. 灌浆套筒进厂（场）时，应抽取灌浆套筒检验外观质量、标识和尺寸偏差，检查数量为（　　）。

　　A. 同一批号、同一类型、同一规格的灌浆套筒，不超过1000个为一批，每批随机抽取10个灌浆套筒

　　B. 同一批号、同一类型、同一规格的灌浆套筒，不超过500

个为一批,每批随机抽取 50 个灌浆套筒

C. 同一批号、同一类型、同一规格的灌浆套筒,不超过 1000 个为一批,每批随机抽取 20 个灌浆套筒

D. 同一批号、同一类型、同一规格的灌浆套筒,不超过 100 个为一批,每批随机抽取 2 个灌浆套筒

66. 钢筋连接套筒中,连接套筒益选用(　　)。

A. 丝接套筒　　　　　　　B. 灌浆套筒

C. 焊接套筒　　　　　　　D. 绑扎套筒

67. 预制构件的钢筋骨架及网片的安装位置、间距、保护层厚度、允许偏差在检查中应(　　)。

A. 检查 1/2　　　　　　　B. 检查 1/5

C. 抽查 20%　　　　　　　D. 全部检查

68. 钢筋连接套筒和预埋螺栓孔应采取(　　)措施。

A. 封堵　　　　　　　　　B. 稳固

C. 支撑　　　　　　　　　D. 保护

69. 预制构件外观质量判定方法中,发现孔洞现象(混凝土中孔穴深度和长度超过保护层厚度),质量要求此现象(　　)。

A. 允许少量　　　　　　　B. 不宜有

C. 不应有　　　　　　　　D. 深度不应有,长度允许少量

70. 构件表面破损和裂缝处理方案中,影响钢筋、连接件、预埋件锚固的破损,处理方案为(　　)。

A. 现场修补　　　　　　　B. 修补

C. 废弃　　　　　　　　　D. 修补前告知甲方及监理

71. 构件表面破损和裂缝处理方案中,影响结构性能且不能恢复的破损,处理方案为(　　)。

A. 现场修补　　　　　　　B. 修补

C. 废弃　　　　　　　　　D. 组织专家论证后进行修补

72. 构件表面破损和裂缝处理方案中,宽度超过 0.2mm 的裂缝,应(　　)。

A. 用环氧树脂浆料修补

B. 用专用防水浆料修补

C. 用不低于混凝土设计强度的专用修补浆料修补

D. 废弃

73. 构件表面破损和裂缝处理方案中,宽度不足 0.2mm、且在外表面时的裂缝,应(　　)。

A. 用环氧树脂浆料修补

B. 用专用防水浆料修补

C. 用不低于混凝土设计强度的专用修补浆料修补

D. 废弃

74. 构件表面破损和裂缝处理方案中,破损长度超过 20mm 的,应(　　)。

A. 用环氧树脂浆料修补

B. 用专用防水浆料修补

C. 用不低于混凝土设计强度的专用修补浆料修补

D. 废弃

75. 预制构件在工厂生产过程中,应对钢筋、混凝土、保温材料、套筒、拉结件等主要原材料进行(　　),必要时,应对预制构件结构性能进行(　　)。(　　)

A. 全数检查,抽样检查　　　B. 全数检查,全数检查

C. 全数检查,全数检查　　　D. 抽样检查,抽样检查

76. 装配式混凝土施工中,夹心外墙宜采用(　　)浇筑方式成型,保温材料宜在混凝土成型过程中放置固定。

A. 竖向　　　　　　　　　　B. 水平

C. 泵车　　　　　　　　　　D. 塔吊布料机

二、多选题

1. 预埋件钢筋埋弧压力焊的焊接参数主要包括（　　）等。
   A. 引弧提升高度　　　　　　B. 焊接电流
   C. 焊接通电时间　　　　　　D. 电弧电压

2. 预埋作业安全防护工具安全防护用具，包括（　　）等个人防护用具。
   A. 安全帽　　　　　　　　　B. 安全带
   C. 安全网　　　　　　　　　D. 安全绳
   E. 绝缘鞋、绝缘手套

3. 焊缝尺寸不符合要求的有（　　）。
   A. 焊件坡口角度不当，间隙不均匀
   B. 焊接电流过大或过小
   C. 运条速度或施焊时焊条角度不当
   D. 操作不熟练

4. 焊瘤产生的原因有（　　）。
   A. 点焊过高　　　　　　　　B. 运条不当或电弧过长
   C. 电流不适当　　　　　　　D. 熔化时间过长

5. 夹渣产生的原因有（　　）。
   A. 焊接电流过小　　　　　　B. 坡口角度太小
   C. 焊件上有较厚锈蚀　　　　D. 药皮性能不适用
   E. 操作不熟练

6. 气孔产生的原因有（　　）。
   A. 碱性焊条受潮，药皮变质，钢芯锈蚀
   B. 非碱性焊焙烘温度过高，药变质
   C. 埋弧压力焊时焊剂未按规定焙烘，焊丝不清洁
   D. 焊件表面有水、油污及熔渣、油漆等
   E. 电流过大焊条烧红

7. 未焊透产生的原因有（　　）。

　　A. 电流过小，施焊过速，热量不足

　　B. 运条不正确，焊条偏向坡口一侧

　　C. 拼装间隙不正确，不易施焊

　　D. 焊条没有伸入焊缝根部

　　E. 起焊温度较低

　　F. 双面焊时没有清根

8. 钢筋、成型钢筋进场检验，当满足下列（　　）条件之一时，其检验批容量可扩大一倍。

　　A. 获得认证的钢筋、成型钢筋

　　B. 同一厂家、同一牌号、同一规格的钢筋，连续三批均一次检验合格

　　C. 同一厂家、同一类型、同一钢筋来源的成型钢筋，连续三批均一次检验合格

　　D. 钢筋直径验收正确

9. 装配式构件预留预埋包括（　　）。

　　A. 构件图组成图纸　　　　B. 模板图

　　C. 配筋图　　　　　　　　D. 拉结件布置图

　　E. 节点大样图

10. 按直螺纹套筒的基本使用条件常用套筒型号分为（　　）几种，特殊型号套筒应符合相关设计要求。

　　A. 标准型　　　　　　　　B. 异径型

　　C. 正反丝扣型　　　　　　D. 扩口型异径正反丝扣型

　　E. 加锁母型

11. 直螺纹套筒是传递钢筋轴向拉力或压力的钢筋机械接头用的钢套管。直螺纹套筒分为（　　）。

　　A. 直接滚轧直螺纹套筒　　B. 剥肋滚轧直螺纹套筒

　　C. 镦粗直螺纹套筒　　　　D. 异径型直螺纹套筒

12. 预应力金属波纹管又称（　　）。它采用优质钢带经轧波、

卷管成形、咬口、切断等工序制成圆形和扁形波纹管。由于现在建筑上越来越多地采用预应力混凝土结构，而预应力波纹管是预应力混凝土结构所必需的。

　　A. 金属波纹管　　　　　　　B. 金属螺旋管
　　C. 混凝土填充管　　　　　　D. 地脚螺栓用波纹管

13. 拉力（载荷）方向主要有（　　）。
　　A. 轴向拉力　　　　　　　　B. 斜向拉力
　　C. 侧向拉力　　　　　　　　D. 轴向压力

14. 超小口径不锈钢穿线管（内径 3~25mm）主要用于精密光学尺之传感线路保护、工业传感器线路保护，具有良好的（　　）。
　　A. 柔软性　　　　　　　　　B. 耐蚀性
　　C. 耐高温　　　　　　　　　D. 地耐磨损
　　E. 抗拉性

15. 钢筋弯折的弯弧内直径应符合下列（　　）规定。
　　A. 光圆钢筋，不应小于钢筋的 2.5 倍
　　B. 335MPa 级、400MPa 级等带肋钢筋，不应小于钢筋直径的 4 倍
　　C. 箍筋弯折处不应小于纵向受力钢筋的直径
　　D. 对有抗震设防要求或设计有专门要求的结构构件，箍筋弯钩的弯折角度不应小于 120°

16. 施工准备包括（　　）。
　　A. 技术准备：施工前的技术交底（参考图必须附图明示，不能只给图号）、人员培训、规范验标的学习、原材料的报检报验、施工配合比、开工报告手续的完善等
　　B. 劳动力的组织：各个施工环节的人员安排和职责分工
　　C. 材料准备：施工中各种原材料和外加剂的用量计划（要有足够的存量）
　　D. 机具和设备的准备：各种施工机具的用量计划（要有备用计划和措施）

17. 结构连接件是连接构件与构件（钢筋与钢筋），或起到锚

固作用的预埋件。如（　　）、内墙连接件、板板连接件、外挂连接螺纹杆等。

A. 灌浆套筒　　　　　　B. 钢筋锚板
C. 直螺纹套筒　　　　　D. 金属波纹管
E. 哈芬槽

18. 支模吊装件是便于现场支模、支撑、吊装的预埋件。如（　　）等。

A. 锚栓套筒　　　　　　B. 塑料胀管
C. 吊钉　　　　　　　　D. 提升管件

19. 填充物是起到保暖、减重，或填充预留缺口的预埋件。如（　　）等。

A. 挤塑聚苯乙烯泡沫板　B. 聚苯乙烯泡沫板
C. 硅胶及硅胶填充件　　D. 岩棉

20. 水电暖通等功能件是通水、通电、通气或连接外部互动部件的预埋件。如（　　）等。

A. 线管、线盒　　　　　B. 给排水管
C. 电箱及附件　　　　　D. 套管
E. 地漏

21. 现浇剪力墙结构形式的优点有（　　）。

A. 节能环保，更符合绿色建筑理念
B. 抗震性较好，是国际上超高层建筑广泛采用的结构形式
C. 能够获得尽量宽敞的使用空间
D. 主功能空间占据最佳的采光位置
E. 现场拼装误差率小

22. 关于预制混凝土装配式构件的制作和运输，说法正确的有（　　）。

A. 制定加工制作方案、质量控制标准
B. 保温材料需要定位及保护
C. 必须进行加工详图设计
D. 模具、钢筋骨架、钢筋网片、钢筋、预埋件加工不允许偏差

中级预埋工题库

一、单选题

1. 用预制的块状材料砌成墙体的装配式建筑,适于建造( )层建筑,如提高砌块强度或配置钢筋,还可适当增加层数。

  A. 1~3   B. 2~4
  C. 3~5   D. 4~6

2. 砌块建筑适应性强,生产工艺简单,施工简便,造价较低,还可利用地方材料和工业废料。建筑砌块有小型、中型、大型之分:小型砌块( )。

  A. 可使用大型机械吊装
  B. 可人工搬运和砌筑,工业化程度较低,灵活方便,使用范围较广
  C. 可用小型机械吊装,可节省砌筑劳动力
  D. 现已被预制大型板材所代替

3. 中型砌块( )。

  A. 可使用大型机械吊装
  B. 可人工搬运和砌筑,工业化程度较低,灵活方便,使用范围较广
  C. 可用小型机械吊装,可节省砌筑劳动力
  D. 现已被预制大型板材所代替

4. 大型砌块( )。

  A. 可使用大型机械吊装

B. 可人工搬运和砌筑，工业化程度较低，灵活方便，使用范围较广

C. 可用小型机械吊装，可节省砌筑劳动力

D. 现已被预制大型板材所代替

5. 砌块有（　　）两类，砌块的接缝是保证砌体强度的重要环节，一般采用水泥砂浆砌筑，小型砌块还可用套接而不用砂浆的干砌法，可减少施工中的湿作业。有的砌块表面经过处理，可作清水墙。

A. 实心和空心　　　　　B. 有孔和无孔
C. 高耐久和低耐久　　　D. 大型和小型

6.（　　）由预制的大型内外墙板、楼板和屋面板等板材装配而成，又称大板建筑。

A. 砌块建筑　　　　　　B. 板材建筑
C. 盒式建筑　　　　　　D. 升板升层建筑

7.（　　）是从板材建筑的基础上发展起来的一种装配式建筑。这种建筑工厂化的程度很高，现场安装快。

A. 砌块建筑　　　　　　B. 板材建筑
C. 盒式建筑　　　　　　D. 升板升层建筑

8.（　　）是板柱结构体系的一种，但施工方法则有所不同。这种建筑是在底层混凝土地面上重复浇筑各层楼板和屋面板，竖立预制钢筋混凝土柱子，以柱为导杆，用放在柱子上的油压千斤顶把楼板和屋面板提升到设计高度，加以固定。

A. 砌块建筑　　　　　　B. 板材建筑
C. 盒式建筑　　　　　　D. 升板升层建筑

9. 预制装配式（　　）建筑以钢柱及钢梁作为主要的承重构件。

A. 钢结构　　　　　　　B. PC结构
C. 木结构　　　　　　　D. 预制集装箱式房屋

10. 预制装配式混凝土结构（装配整体式钢筋混凝土结构）是

以预制的（　　）为主要构件，经工厂预制，现场进行装配连接，并在结合部分现浇混凝土而成的结构。

  A. 钢结构   B. PC 结构

  C. 木结构   D. 集装箱式房屋

11.（　　）建筑从结构形式上分，一般为轻木结构和重型木结构，主要结构构件均采用实木锯材或工程木产品。

  A. 钢结构   B. PC 结构

  C. 木结构   D. 预制集装箱式房屋

12.（　　）是用来确定房屋主要结构或构件的位置及其尺寸的基线。

  A. 轴线   B. 尺寸、标高

  C. 索引符号   D. 连接符号

13.（　　）是连接构件与构件（钢筋与钢筋），或起到锚固作用的预埋件。如灌浆套筒、钢筋锚板、直螺纹套筒、金属波纹管、哈芬槽、内墙连接件、板板连接件、外挂连接螺纹杆等。

  A. 结构连接件   B. 支模吊装件

  C. 填充物   D. 水电暖通等功能件

14.（　　）是便于现场支模、支撑、吊装的预埋件。如锚栓套筒、塑料胀管、吊钉、提升管件等。

  A. 结构连接件   B. 支模吊装件

  C. 填充物   D. 水电暖通等功能件

15.（　　）是起到保暖、减重，或填充预留缺口的预埋件。如挤塑聚苯乙烯泡沫板、聚苯乙烯泡沫板、硅胶及硅胶填充件、岩棉等。

  A. 结构连接件   B. 支模吊装件

  C. 填充物   D. 水电暖通等功能件

16.（　　）是通水、通电、通气或连接外部互动部件的预埋件。如线管、给排水管、线盒、电箱及附件、套管、地漏等。

  A. 结构连接件   B. 支模吊装件

  C. 填充物   D. 水电暖通等功能件

17. （　　）连接技术适用于钢筋混凝土结构工程、钢结构工程、桥梁工程、海上石油开采平台工程、近海风力发电塔等领域。
　　A. 灌浆套筒　　　　　　　B. 钢筋锚固件
　　C. 贴焊锚筋　　　　　　　D. 螺纹连接

18. （　　）技术为混凝土结构中的钢筋锚固提供了一种全新的机械锚固方法，将螺帽与垫板合二为一的锚固板通过直螺纹连接方式与钢筋端部相连形成钢筋机械锚固装置。
　　A. 灌浆套筒　　　　　　　B. 钢筋机械锚固
　　C. 贴焊锚筋　　　　　　　D. 螺纹连接

19. （　　）是传递钢筋轴向拉力或压力的钢筋机械接头用的钢套管。
　　A. 灌浆套筒　　　　　　　B. 钢筋机械锚固
　　C. 直螺纹套筒　　　　　　D. 螺纹连接

20. 按直螺纹套筒的基本使用条件常用套筒型号分为标准型、异径型、正反丝扣型、（　　）、加锁母型几种，特殊型号套筒应符合相关设计要求。
　　A. 缩口型异径正反丝扣型　B. 扩口型异径正反丝扣型
　　C. 扩口型异径反丝扣型　　D. 扩口型异径正丝扣型

21. 直螺纹套筒的受拉极限承载力标准值不应小于被连接钢筋抗拉极限承载力的（　　）倍。
　　A. 1.1　　　　　　　　　　B. 1.2
　　C. 1.3　　　　　　　　　　D. 1.4

22. （　　）是采用优质钢带经轧波、卷管成形、咬口、切断等工序制成圆形和扁形波纹管。
　　A. 预应力金属波纹管　　　B. 直螺纹套筒
　　C. 哈芬槽　　　　　　　　D. 灌浆套筒

23. （　　）是利用膨胀锥与套筒的相对位移，促使套筒膨胀，与混凝土孔壁产生膨胀挤压力，并通螺母过剪切摩擦作用产生抗拔力，实现对固定件的锚固。

A. 粘结型锚栓　　　　　　B. 扩孔型锚栓
C. 膨胀型锚栓　　　　　　D. 化学植筋

24. （　　）是通过钻孔底部混凝土的扩孔，利用扩孔后形成的混凝土斜面与锚栓膨胀锥之间的机械互锁，实现对结构固定件的锚固。

A. 粘结型锚栓　　　　　　B. 扩孔型锚栓
C. 膨胀型锚栓　　　　　　D. 化学植筋

25. （　　）是通过特制的化学粘结剂（锚固胶），将螺杆及内螺纹管胶结固定于混凝土基材钻孔中，通过粘结剂与锚栓及粘结剂与混凝土孔壁间的粘结与锁键作用，实现对固定件的锚固。

A. 粘结型锚栓　　　　　　B. 扩孔型锚栓
C. 膨胀型锚栓　　　　　　D. 化学植筋

26. （　　）是通过化学粘结剂（锚固胶）将带肋钢筋胶结固定于混凝土基材钻孔中，通过粘结与锁键作用，实现带肋钢筋的锚固。

A. 粘结型锚栓　　　　　　B. 扩孔型锚栓
C. 膨胀型锚栓　　　　　　D. 化学植筋

27. （　　）又称为入墙膨胀胶粒，特性是回弹性好、拉答力大、耐冲击、不破裂、硬度强、不生锈、弹力大，采用PP、PA、PE材质注塑成。款式有鱼式入墙膨胀胶粒、直通膨胀胶粒等，配套粗牙自攻型螺丝使用。

A. 塑料胀管　　　　　　　B. 金属胀管
C. 吊环螺钉　　　　　　　D. 化学植筋

28. （　　）即沿着吊钉的轴线受拉力。

A. 轴向拉力　　　　　　　B. 斜向拉力
C. 侧向拉力　　　　　　　D. 正向拉力

29. （　　）即轴向拉力产生倾斜，在吊钉圆头部产生此种应力。一般在设计时需要考虑加固，以抵消产生的侧力。

A. 轴向拉力　　　　　　　B. 斜向拉力

C. 侧向拉力　　　　　　　D. 正向拉力

30. （　　）可能因为需要满足预制件的吊运需求，吊钉设计时安排要承受侧向拉力。此种情况，加固与吊运安全需要小心处理。

　　A. 轴向拉力　　　　　　　B. 斜向拉力
　　C. 侧向拉力　　　　　　　D. 正向拉力

31. （　　）若采用静力不确定的吊链，必须以2个吊钉来计算所能承受所有的载荷。

　　A. 静力确定系统　　　　　B. 静力不确定系统
　　C. 动力确定系统　　　　　D. 动力不确定系统

32. （　　）是经有特殊工艺连续挤出发泡成型的材料，其表面形成的硬膜均匀平整，内部完全闭孔发泡连续均匀，呈蜂窝状结构，因此具有高抗压、轻质、不吸水、不透气耐磨、不降解的特性。

　　A. 苯板　　　　　　　　　B. EPS聚苯乙烯泡沫塑料板
　　C. 挤塑泡沫板　　　　　　D. 三合板

33. （　　）是一种粒状多孔的二氧化硅水合物，由硅酸钠加酸后洗涤干燥制得，主要用作干燥剂以及柱色谱和薄层色谱中的吸附剂。

　　A. 干燥剂　　　　　　　　B. 防腐剂
　　C. 固体胶　　　　　　　　D. 建筑硅胶

34. （　　）是优异的防火保温材料，也是国际上公认的"第五常规能源"中的主要节能材料。

　　A. 岩棉制品　　　　　　　B. 苯板
　　C. 干挂石材　　　　　　　D. 聚苯乙烯泡沫板

35. （　　）是连接排水管道系统与室内地面的重要接口，作为住宅中排水系统的重要部件，它排除的是地面水、水渍、固体物、纤维物、毛发、易沉积物等。

　　A. 排水口　　　　　　　　B. 阀口

C. 地漏					D. 检查口

36.（　　）是近期研制的新产品，它具有遇水膨胀的特殊性能，具有弹性接缝止水材料的密封防水作用。当接缝两面侧距离加大到弹性防水材料的弹性复原率以外时，由于该材料具有遇水膨胀的特性。在材料膨胀范围以内仍然能起止水作用。

　　A. 制品性止水条				B. 自粘性胶条
　　C. 防水条					D. 腻子型止水条

37.（　　）具有吸水后膨胀率高、加压不失水、与空气接触不风化、耐酸碱性稳定、抗老化等优点。该产品主要应用于盾构施工法现砌接缝防水、建筑物变形缝、施工缝用止水带。

　　A. 制品性止水条				B. 自粘性胶条
　　C. 防水条					D. 腻子型止水条

38.（　　）是由丁基橡胶填充挤增塑剂及其他特种助剂，经过特殊工艺加工而成的一种新型橡胶防水材料。它不仅填充混凝土气孔缝隙，而且在一定压力下与混凝土有良好的粘结力，使其与混凝土联为一体，起到防水止水的作用。

　　A. 制品性止水条				B. 自粘性胶条
　　C. 防水条					D. 腻子型止水条

39.（　　）是由高密度聚乙烯（HDPE）经塑料挤出机挤出成型的单壁波纹管，用于后张预应力混凝土结构，作为预应力筋的成孔管道。

　　A. 预应力塑料波纹管			B. 金属波纹管
　　C. 塑料横纹管				D. 正应力波纹管

40.（　　）在箱型基础或地下室，底板和外墙板的混凝土是分开浇捣的，下次再浇捣墙板混凝土时，就有一条施工冷缝，当这条缝的位置在地下水位线以下时，就容易产生渗水。

　　A. 防水条					B. 自粘性胶条
　　C. 钢板止水带				D. 制品性止水条

41. 钢筋和预埋件加工，钢筋弯折的弯弧内直径应符合下列规定，光圆钢筋，不应小于钢筋的（　　）倍。

A. 1.5　　　　　　　　B. 2.0
C. 2.5　　　　　　　　D. 3.0

42. 钢筋和预埋件加工，钢筋弯折的弯弧内直径应符合下列规定：335MPa 级、400MPa 级等带肋钢筋不应小于钢筋直径的（　　）倍。

A. 2　　　　　　　　B. 3
C. 4　　　　　　　　D. 5

43. 钢筋和预埋件加工，钢筋弯折的弯弧内直径应符合下列规定：箍筋弯折处不应（　　）纵向受力钢筋的直径。

A. 大于　　　　　　　B. 等于
C. 小于　　　　　　　D. 大于等于

44. 钢筋和预埋件加工，钢筋弯折的弯弧内直径应符合下列规定：纵向受力钢筋的弯折后平直段长度应符合设计要求；光圆钢筋末端做 180°弯钩时，弯钩的平直段长度不应小于钢筋直径的（　　）倍。

A. 2　　　　　　　　B. 3
C. 4　　　　　　　　D. 5

45. 箍筋、拉筋的末端应按设计要求做弯钩，并应符合下列规定：对一般结构构件，箍筋弯钩的弯折角度不应小于 90°，弯折后平直段长度不应小于箍筋直径的（　　）倍。

A. 2　　　　　　　　B. 3
C. 4　　　　　　　　D. 5

46. 定位轴线复核在作业层混凝土顶板上，弹设控制线以便安装墙体就位，保证预埋管道连接就位准确，包括墙体及洞口边线及墙体（　　）水平位置控制线。

A. 30cm　　　　　　　B. 40cm
C. 50cm　　　　　　　D. 60cm

47. 预埋件的制作过程应采取有效措施防止成品超标准变形，

否则采取矫正措施,主要有( )矫正和( )矫正两种。( )

A. 冷,热 B. 正,负
C. 正,误 D. 精,略

48. 同一厂家、同一规格的灌浆套筒连接接头试件,连续检验10个验收批抽样试件抗拉强度检验合格时,验收批接头数量可扩大为( )个。

A. 1000 B. 2000
C. 3000 D. 4000

49. ( )是以集装箱为基本单元,在工厂内流水生产完成各模块的建造并完成内部装修,再运输到施工现场,快速组装成多种风格的建筑。

A. 预制集装箱式房屋 B. 板材建筑
C. 盒式建筑 D. 升板升层建筑

50. ( )具有良好的可调节性,可节省大量的安装时间,确保快速施工,节省成本。槽内使用填充物能够防止混凝土进入槽内。

A. 预应力金属波纹管 B. 直螺纹套筒
C. 哈芬槽 D. 灌浆套筒

51. ( )耐腐蚀性和耐撞击性极强,能在强大外力的撞击下,材质不破裂,韧性强。它用于高标砖的水质管道输送,质量和经济效果达到最佳,连接方式主要有冷胶溶接法。

A. PE 管 B. 2PVC-U 管
C. ABS D. PPR 管

52. 预制构件的混凝土强度等级不宜低于( ),预应力混凝土预制构件的混凝土强度等级不宜低于( ),现浇混凝土的强度等级不应低于( )。( )

A. C30,C40,C25 B. C30,C25,C40
C. C25,C30,C40 D. C20,C40,C25

53. 预制剪力墙结构体系使用较多的竖向钢筋连接是（　　），降低了套筒的使用数量，也降低了综合成本。

　　A. 底部预留后浇区连接　　　　B. 套筒灌浆连接
　　C. 螺旋箍筋约束浆锚搭接连接　D. 金属波纹管浆锚搭接连接

54. 建筑构件堆放应有一定的挂钩绑扎间距，堆放时，相邻构件之间的间距不小于（　　）。

　　A. 300mm　　　　　　　　　　B. 200mm
　　C. 250mm　　　　　　　　　　D. 350mm

55. 建筑预制构件起吊时，绳索与件水平面所成夹角不宜小于（　　），当小于该角度时，应经过验算或采用平衡钢梁起吊。

　　A. 45°　　　　　　　　　　　B. 30°
　　C. 60°　　　　　　　　　　　D. 90°

56. 钢筋套筒灌浆连接接头的（　　）强度不应小于连接钢筋（　　）强度标准值，且破坏时应断于接头外钢筋。（　　）

　　A. 抗剪，抗拉　　　　　　　　B. 抗拉，抗剪
　　C. 抗剪，抗剪　　　　　　　　D. 抗拉，抗拉

57. 接头试件及灌浆料试件应在（　　）养护条件下养护，接头试件在试验前不应进行（　　）。（　　）

　　A. 标准，预拉　　　　　　　　B. 同条件，预拉
　　C. 标准，抗压　　　　　　　　D. 同条件，抗压

58. 套筒灌浆连接施工前应（　　）。

　　A. 组织进行专家论证　　　　　B. 编制施工组织设计
　　C. 编制专项施工方案　　　　　D. 提报施工人员名单

59. 套筒灌浆构件制作中，连接钢筋与全灌浆套筒安装时，应逐根插入灌浆套筒内，插入深度应满足设计（　　）要求。

　　A. 搭接长度　　　　　　　　　B. 锚固深度
　　C. 锚固长度　　　　　　　　　D. 搭接深度

60. 钢筋套筒灌浆连接目前主要用于（　　）结构中墙柱等重要（　　）构件中的底部钢筋同截面100%连接处。（　　）

A. 装配式，横向　　　　　　B. 装配式，竖向
C. 剪力墙，横向　　　　　　D. 剪力墙，竖向

61. 工程应用套筒灌浆连接及验收时，型式检验报告送检单位与现场接头提供单位应（　　）。

A. 不同　　　　　　　　　　B. 相似
C. 一致　　　　　　　　　　D. 分类

62. 当施工过程中灌浆料抗压强度、灌浆质量不符合要求时，应由（　　）提出技术处理方案。

A. 建设单位　　　　　　　　B. 监理单位
C. 施工单位　　　　　　　　D. 设计单位

63. 施工中若更换灌浆套筒、灌浆料，应（　　）进行接头型式检验及规定的灌浆套筒、灌浆料进场检验与工艺检验。

A. 重复　　　　　　　　　　B. 重新
C. 反复　　　　　　　　　　D. 继续

64. 接头试件及灌浆料试件应在标准养护条件下养护（　　）。

A. 15d　　　　　　　　　　B. 30d
C. 28d　　　　　　　　　　D. 7d

65. 灌浆套筒进厂（场）时，应抽取灌浆套筒检验外观质量、标识和尺寸偏差，检查数量为（　　）。

A. 同一批号、同一类型、同一规格的灌浆套筒，不超过 1000 个为一批，每批随机抽取 10 个灌浆套筒

B. 同一批号、同一类型、同一规格的灌浆套筒，不超过 500 个为一批，每批随机抽取 50 个灌浆套筒

C. 同一批号、同一类型、同一规格的灌浆套筒，不超过 1000 个为一批，每批随机抽取 20 个灌浆套筒

D. 同一批号、同一类型、同一规格的灌浆套筒，不超过 100 个为一批，每批随机抽取 2 个灌浆套筒

66. 钢筋连接套筒中，连接套筒益选用（　　）。

A. 丝接套筒　　　　　　　　B. 灌浆套筒

C. 焊接套筒　　　　　　　　D. 绑扎套筒

二、多选题

1. 预埋件钢筋埋弧压力焊的焊接参数主要包括（　　）等。
   A. 引弧提升高度　　　　　B. 焊接电流
   C. 焊接通电时间　　　　　D. 电弧电压
2. 预埋作业安全防护工具安全防护用具，包括（　　）等个人防护用具。
   A. 安全帽　　　　　　　　B. 安全带
   C. 安全网　　　　　　　　D. 安全绳
   E. 绝缘鞋、绝缘手套
3. 焊缝尺寸不符合要求的有（　　）。
   A. 焊件坡口角度不当，间隙不均匀
   B. 焊接电流过大或过小
   C. 运条速度或施焊时焊条角度不当
   D. 操作不熟练
4. 焊瘤产生的原因有（　　）。
   A. 点焊过高　　　　　　　B. 运条不当或电弧过长
   C. 电流不适当　　　　　　D. 熔化时间过长
5. 夹渣产生的原因有（　　）。
   A. 焊接电流过小　　　　　B. 坡口角度太小
   C. 焊件上有较厚锈蚀　　　D. 药皮性能不适用
   E. 操作不熟练
6. 气孔产生的原因有（　　）。
   A. 碱性焊条受潮，药皮变质，钢芯锈蚀
   B. 非碱性焊焙烘温度过高，药变质
   C. 埋弧压力焊时焊剂未按规定焙烘，焊丝不清洁
   D. 焊件表面有水、油污及熔渣、油漆等

E. 电流过大焊条烧红

7. 未焊透产生的原因有（　　）。

A. 电流过小，施焊过速，热量不足

B. 运条不正确，焊条偏向坡口一侧

C. 拼装间隙不正确，不易施焊

D. 焊条没有伸入焊缝根部

E. 起焊温度较低

F. 双面焊时没有清根

8. 钢筋、成型钢筋进场检验，当满足下列（　　）条件之一时，其检验批容量可扩大一倍。

A. 获得认证的钢筋、成型钢筋

B. 同一厂家、同一牌号、同一规格的钢筋，连续三批均一次检验合格

C. 同一厂家、同一类型、同一钢筋来源的成型钢筋，连续三批均一次检验合格

D. 钢筋直径验收正确

9. 装配式构件预留预埋包括（　　）。

A. 构件图组成图纸 B. 模板图
C. 配筋图 D. 拉结件布置图
E. 节点大样图

10. 按直螺纹套筒的基本使用条件常用套筒型号分为（　　）几种，特殊型号套筒应符合相关设计要求。

A. 标准型 B. 异径型
C. 正反丝扣型 D. 扩口型异径正反丝扣型
E. 加锁母型

11. 直螺纹套筒是传递钢筋轴向拉力或压力的钢筋机械接头用的钢套管。直螺纹套筒分为（　　）。

A. 直接滚轧直螺纹套筒 B. 剥肋滚轧直螺纹套筒
C. 镦粗直螺纹套筒 D. 异径型直螺纹套筒

12. 预应力金属波纹管又称（　　）。它采用优质钢带经轧波、卷管成形、咬口、切断等工序制成圆形和扁形波纹管。由于现在建筑上越来越多地采用预应力混凝土结构，而预应力波纹管是预应力混凝土结构所必需的。

　　A. 金属波纹管　　　　　　B. 金属螺旋管
　　C. 混凝土填充管　　　　　D. 地脚螺栓用波纹管

13. 拉力（载荷）方向主要有（　　）。

　　A. 轴向拉力　　　　　　　B. 斜向拉力
　　C. 侧向拉力　　　　　　　D. 轴向压力

14. 超小口径不锈钢穿线管（内径 3~25mm）主要用于精密光学尺之传感线路保护、工业传感器线路保护，具有良好的（　　）。

　　A. 柔软性　　　　　　　　B. 耐蚀性
　　C. 耐高温　　　　　　　　D. 地耐磨损
　　E. 抗拉性

15. 钢筋弯折的弯弧内直径应符合下列（　　）规定。

　　A. 光圆钢筋，不应小于钢筋的 2.5 倍
　　B. 335MPa 级、400MPa 级等带肋钢筋，不应小于钢筋直径的 4 倍
　　C. 箍筋弯折处不应小于纵向受力钢筋的直径
　　D. 对有抗震设防要求或设计有专门要求的结构构件，箍筋弯钩的弯折角度不应小于 120°

16. 施工准备包括（　　）。

　　A. 技术准备：施工前的技术交底（参考图必须附图明示，不能只给图号）、人员培训、规范验标的学习、原材料的报检报验、施工配合比、开工报告手续的完善等
　　B. 劳动力的组织：各个施工环节的人员安排和职责分工
　　C. 材料准备：施工中各种原材料和外加剂的用量计划（要有足够的存量）
　　D. 机具和设备的准备：各种施工机具的用量计划（要有备用

计划和措施)

17. 结构连接件是连接构件与构件(钢筋与钢筋),或起到锚固作用的预埋件。如( )、内墙连接件、板板连接件、外挂连接螺纹杆等。

A. 灌浆套筒　　　　　　　B. 钢筋锚板
C. 直螺纹套筒　　　　　　D. 金属波纹管
E. 哈芬槽

18. 支模吊装件是便于现场支模、支撑、吊装的预埋件。如( )等。

A. 锚栓套筒　　　　　　　B. 塑料胀管
C. 吊钉　　　　　　　　　D. 提升管件

19. 填充物是起到保暖、减重,或填充预留缺口的预埋件。如( )等。

A. 挤塑聚苯乙烯泡沫板　　B. 聚苯乙烯泡沫板
C. 硅胶及硅胶填充件　　　D. 岩棉

20. 水电暖通等功能件是通水、通电、通气或连接外部互动部件的预埋件。如( )等。

A. 线管、线盒　　　　　　B. 给排水管
C. 电箱及附件　　　　　　D. 套管
E. 地漏

21. 现浇剪力墙结构形式的优点有( )。

A. 节能环保,更符合绿色建筑理念
B. 抗震性较好,是国际上超高层建筑广泛采用的结构形式
C. 能够获得尽量宽敞的使用空间
D. 主功能空间占据最佳的采光位置
E. 现场拼装误差率小

22. 关于预制混凝土装配式构件的制作和运输,说法正确的有( )。

A. 制定加工制作方案、质量控制标准

B. 保温材料需要定位及保护

C. 必须进行加工详图设计

D. 模具、钢筋骨架、钢筋网片、钢筋、预埋件加工不允许偏差

23. 装配式建筑预制外墙挂板进行焊接施工前应对焊接材料的（　　）进行检查，各项指标应符合标准和设计要求。

　　A. 品种　　　　　　　　B. 刚度

　　C. 性能　　　　　　　　D. 规格

　　E. 稳定性

24. 装配整体式混凝土结构是由预制混凝土构件或部件通过（　　）加以连接并现场浇筑混凝土而形成整体的结构。

　　A. 钢筋　　　　　　　　B. 连接件

　　C. 施加预应力　　　　　D. 钢筋套筒

　　E. 墙柱

25. 装配整体式混凝土结构的优点有（　　）。

　　A. 可以节省模板　　　　B. 改善制作时的施工条件

　　C. 提高劳动生产率　　　D. 加快施工进度

　　E. 整体性好

26. 套筒灌浆工程现场施工过程中会遇见的问题可能有（　　）。

　　A. 灌浆机堵管　　　　　B. 封堵失效，出现漏浆

　　C. 封堵失效，大面积漏浆　D. 灌浆完成后不密实

　　E. 测流动性，留置试块

27. 套筒灌浆工程中灌浆工艺流程包括（　　）。

　　A. 固定橡胶条分仓　　　B. 吊装预制墙体并校正

　　C. 缝隙封堵，拌制灌浆料　D. 测流动度，留置试块

　　E. 注浆、堵孔

28. 预制构件合格证的内容包括（　　）。

　　A. 生产单位　　　　　　B. 出厂日期

C. 构件编号 D. 生产日期

E. 存放天数

29. 预制楼梯、叠合楼板的吊装工艺流程包括（   ）。

A. 支撑搭设 B. 挂钩、检查水平

C. 吊运 D. 安装就位

E. 调整取钩

30. 预制构件外观质量缺陷包括（   ）。

A. 构件内钢筋未被混凝土包裹而外露

B. 混凝土表面缺少水泥浆而形成石子外露

C. 混凝土中孔穴深度和长度均超过保护层厚度

D. 混凝土中夹有杂物且深度超过保护层厚度

E. 构件连接处混凝土缺陷及连接钢筋、连接铁件松动

31. 灌浆料进场时，应对（   ）进行检验。

A. 泌水率

B. 灌浆料拌合物30min流动度

C. 3d抗压强度

D. 28d抗压强度

E. 3h竖向膨胀率

32. 应进行接头型式检验的情况有（   ）。

A. 确定接头性能时

B. 灌浆套筒材料、工艺、结构改动时

C. 灌浆料型号、成分改动时

D. 钢筋强度等级、肋形发生变化时

E. 型式检验报告超过4年时

33. 预制构件生产前，应编制构件生产方案，构件生产方案应包括（   ）。

A. 生产计划及生产工艺 B. 模具计划及组装方案

C. 物流管理计划 D. 成品保护计划

E. 技术质量控制措施

34. 预制构件出厂前进行成品质量验收，检查项目包括（　　）。

A. 外观质量

B. 外形尺寸

C. 预制构件的钢筋、连接套筒

D. 预制构件的预埋件、预留孔洞等

35. 预制构件出厂交付时，应向使用方提供（　　）。

A. 预制构件隐蔽工程质量验收表

B. 预制构件出厂质量验收表

C. 钢筋出厂复验报告

D. 产品合格证

E. 混凝土留样检验报告

36. 装配式混凝土结构子分部工程应在安装施工过程中完成下列（　　）隐蔽项目的现场验收。

A. 结构预埋件、钢筋接头、螺栓连接、套筒灌浆接头等

B. 预制构件与结构连接处钢筋及混凝土的结合面

C. 预制混凝土构件接缝处防水、防火作法

D. 钢筋套筒灌浆连接的施工检验记录

E. 连接构造节点的隐蔽工程检查验收文件

37. 装配式混凝土结构子分部工程施工质量验收合格应符合下列（　　）规定。

A. 检验批质量验收合格

B. 有关分项工程施工质量验收合格

C. 质量控制资料完整且符合要求

D. 观感质量验收合格

E. 结构实体检验满足设计或本规程的要求

38. 当装配式混凝土结构子分部工程施工质量不符合要求时，应按下列（　　）规定进行处理。

A. 经返工、返修或更换构件、部件的检验批，应重新进行

检验

　　B. 经有资质的检测单位检测鉴定达到设计要求的检验批,应予以验收

　　C. 经有资质的检测单位检测鉴定达不到设计要求,但经原设计单位核算并确认仍可满足结构安全和使用功能的检验批,可予以验收

　　D. 经返修或加固处理能够满足结构安全使用要求的分项工程,可根据技术处理方案和协商文件进行验收

　　E. 工程的质量问题的处理方案和验收记录

39. 装配整体式混凝土结构子分部工程包括(　　)。

　　A. 钢筋分项工程　　　　　　B. 预应力分项工程

　　C. 混凝土分项工程　　　　　D. 现浇结构分项工程

　　E. 装配式结构分项工程

40. 装配整体式结构实体检验包括(　　)。

　　A. 涉及结构安全的重要部位(柱、梁、墙)的混凝土强度、钢筋保护层厚度

　　B. 工程约定的检验项目

　　C. 约定的,必要时可检验的其他项目。结构实体检验主要对混凝土强度、重要结构构件的钢筋保护层厚度两个项目进行

　　D. 当工程有约定时,可根据确定其他检验项目和相应的检验方法、检验数量、合格条件,但其要求不得低于本规范的规定

　　E. 当有专门要求时,也可以进行其他项目的检验,但应由作出相应的规定

高级预埋工题库

一、单选题

1. 用预制的块状材料砌成墙体的装配式建筑，适于建造（　　）层建筑，如提高砌块强度或配置钢筋，还可适当增加层数。
   A. 1~3　　　　　　　　B. 2~4
   C. 3~5　　　　　　　　D. 4~6

2. 砌块建筑适应性强，生产工艺简单，施工简便，造价较低，还可利用地方材料和工业废料。建筑砌块有小型、中型、大型之分：小型砌块（　　）。
   A. 可使用大型机械吊装
   B. 可人工搬运和砌筑，工业化程度较低，灵活方便，使用范围较广
   C. 可用小型机械吊装，可节省砌筑劳动力
   D. 现已被预制大型板材所代替

3. 中型砌块（　　）。
   A. 可使用大型机械吊装
   B. 可人工搬运和砌筑，工业化程度较低，灵活方便，使用范围较广
   C. 可用小型机械吊装，可节省砌筑劳动力
   D. 现已被预制大型板材所代替

4. 大型砌块（　　）。
   A. 可使用大型机械吊装

B. 可人工搬运和砌筑，工业化程度较低，灵活方便，使用范围较广

C. 可用小型机械吊装，可节省砌筑劳动力

D. 现已被预制大型板材所代替

5. 砌块有（　　）两类，砌块的接缝是保证砌体强度的重要环节，一般采用水泥砂浆砌筑，小型砌块还可用套接而不用砂浆的干砌法，可减少施工中的湿作业。有的砌块表面经过处理，可作清水墙。

　　A. 实心和空心　　　　　　B. 有孔和无孔
　　C. 高耐久和低耐久　　　　D. 大型和小型

6. （　　）由预制的大型内外墙板、楼板和屋面板等板材装配而成，又称大板建筑。

　　A. 砌块建筑　　　　　　　B. 板材建筑
　　C. 盒式建筑　　　　　　　D. 升板升层建筑

7. （　　）是从板材建筑的基础上发展起来的一种装配式建筑。这种建筑工厂化的程度很高，现场安装快。

　　A. 砌块建筑　　　　　　　B. 板材建筑
　　C. 盒式建筑　　　　　　　D. 升板升层建筑

8. （　　）是板柱结构体系的一种，但施工方法则有所不同。这种建筑是在底层混凝土地面上重复浇筑各层楼板和屋面板，竖立预制钢筋混凝土柱子，以柱为导杆，用放在柱子上的油压千斤顶把楼板和屋面板提升到设计高度，加以固定。

　　A. 砌块建筑　　　　　　　B. 板材建筑
　　C. 盒式建筑　　　　　　　D. 升板升层建筑

9. 预制装配式（　　）建筑以钢柱及钢梁作为主要的承重构件。

　　A. 钢结构　　　　　　　　B. PC 结构
　　C. 木结构　　　　　　　　D. 预制集装箱式房屋

10. 预制装配式混凝土结构（装配整体式钢筋混凝土结构）是

以预制的（　　）为主要构件，经工厂预制，现场进行装配连接，并在结合部分现浇混凝土而成的结构。

A. 钢结构　　　　　　　　B. PC 结构
C. 木结构　　　　　　　　D. 集装箱式房屋

11. （　　）建筑从结构形式上分，一般为轻木结构和重型木结构，主要结构构件均采用实木锯材或工程木产品。

A. 钢结构　　　　　　　　B. PC 结构
C. 木结构　　　　　　　　D. 预制集装箱式房屋

12. （　　）是用来确定房屋主要结构或构件的位置及其尺寸的基线。

A. 轴线　　　　　　　　　B. 尺寸、标高
C. 索引符号　　　　　　　D. 连接符号

13. （　　）是连接构件与构件（钢筋与钢筋），或起到锚固作用的预埋件。如灌浆套筒、钢筋锚板、直螺纹套筒、金属波纹管、哈芬槽、内墙连接件、板板连接件、外挂连接螺纹杆等。

A. 结构连接件　　　　　　B. 支模吊装件
C. 填充物　　　　　　　　D. 水电暖通等功能件

14. （　　）是便于现场支模、支撑、吊装的预埋件。如锚栓套筒、塑料胀管、吊钉、提升管件等。

A. 结构连接件　　　　　　B. 支模吊装件
C. 填充物　　　　　　　　D. 水电暖通等功能件

15. （　　）是起到保暖、减重，或填充预留缺口的预埋件。如挤塑聚苯乙烯泡沫板、聚苯乙烯泡沫板、硅胶及硅胶填充件、岩棉等。

A. 结构连接件　　　　　　B. 支模吊装件
C. 填充物　　　　　　　　D. 水电暖通等功能件

16. （　　）是通水、通电、通气或连接外部互动部件的预埋件。如线管、给排水管、线盒、电箱及附件、套管、地漏等。

A. 结构连接件　　　　　　B. 支模吊装件
C. 填充物　　　　　　　　D. 水电暖通等功能件

17.（　　）连接技术适用于钢筋混凝土结构工程、钢结构工程、桥梁工程、海上石油开采平台工程、近海风力发电塔等领域。

　　A. 灌浆套筒　　　　　　　B. 钢筋锚固件
　　C. 贴焊锚筋　　　　　　　D. 螺纹连接

18.（　　）技术为混凝土结构中的钢筋锚固提供了一种全新的机械锚固方法，将螺帽与垫板合二为一的锚固板通过直螺纹连接方式与钢筋端部相连形成钢筋机械锚固装置。

　　A. 灌浆套筒　　　　　　　B. 钢筋机械锚固
　　C. 贴焊锚筋　　　　　　　D. 螺纹连接

19.（　　）是传递钢筋轴向拉力或压力的钢筋机械接头用的钢套管。

　　A. 灌浆套筒　　　　　　　B. 钢筋机械锚固
　　C. 直螺纹套筒　　　　　　D. 螺纹连接

20. 按直螺纹套筒的基本使用条件常用套筒型号分为标准型、异径型、正反丝扣型、（　　）、加锁母型几种，特殊型号套筒应符合相关设计要求。

　　A. 缩口型异径正反丝扣型　B. 扩口型异径正反丝扣型
　　C. 扩口型异径反丝扣型　　D. 扩口型异径正丝扣型

21. 直螺纹套筒的受拉极限承载力标准值不应小于被连接钢筋抗拉极限承载力的（　　）倍。

　　A. 1.1　　　　　　　　　　B. 1.2
　　C. 1.3　　　　　　　　　　D. 1.4

22.（　　）是采用优质钢带经轧波、卷管成形、咬口、切断等工序制成圆形和扁形波纹管。

　　A. 预应力金属波纹管　　　B. 直螺纹套筒
　　C. 哈芬槽　　　　　　　　D. 灌浆套筒

23.（　　）是利用膨胀锥与套筒的相对位移，促使套筒膨胀，与混凝土孔壁产生膨胀挤压力，并通螺母过剪切摩擦作用产生抗拔力，实现对固定件的锚固。

A. 粘结型锚栓 B. 扩孔型锚栓
C. 膨胀型锚栓 D. 化学植筋

24. （   ）是通过钻孔底部混凝土的扩孔，利用扩孔后形成的混凝土斜面与锚栓膨胀锥之间的机械互锁，实现对结构固定件的锚固。

A. 粘结型锚栓 B. 扩孔型锚栓
C. 膨胀型锚栓 D. 化学植筋

25. （   ）是通过特制的化学粘结剂（锚固胶），将螺杆及内螺纹管胶结固定于混凝土基材钻孔中，通过粘结剂与锚栓及粘结剂与混凝土孔壁间的粘结与锁键作用，实现对固定件的锚固。

A. 粘结型锚栓 B. 扩孔型锚栓
C. 膨胀型锚栓 D. 化学植筋

26. （   ）是通过化学粘结剂（锚固胶）将带肋钢筋胶结固定于混凝土基材钻孔中，通过粘结与锁键作用，实现带肋钢筋的锚固。

A. 粘结型锚栓 B. 扩孔型锚栓
C. 膨胀型锚栓 D. 化学植筋

27. （   ）又称为入墙膨胀胶粒，特性是回弹性好、拉答力大、耐冲击、不破裂、硬度强、不生锈、弹力大，采用PP、PA、PE，材质注塑成。款式有鱼式入墙膨胀胶粒、直通膨胀胶粒等，配套粗牙自攻型螺丝使用。

A. 塑料胀管 B. 金属胀管
C. 吊环螺钉 D. 化学植筋

28. （   ）即沿着吊钉的轴线受拉力。

A. 轴向拉力 B. 斜向拉力
C. 侧向拉力 D. 正向拉力

29. （   ）即轴向拉力产生倾斜，在吊钉圆头部产生此种应力。一般在设计时需要考虑加固，以抵消产生的侧力。

A. 轴向拉力 B. 斜向拉力

C. 侧向拉力　　　　　　　　D. 正向拉力

30.（　　）可能因为需要满足预制件的吊运需求，吊钉设计时安排要承受侧向拉力。此种情况，加固与吊运安全需要小心处理。

A. 轴向拉力　　　　　　　　B. 斜向拉力
C. 侧向拉力　　　　　　　　D. 正向拉力

31.（　　）若采用静力不确定的吊链，必须以2个吊钉来计算所能承受所有的载荷。

A. 静力确定系统　　　　　　B. 静力不确定系统
C. 动力确定系统　　　　　　D. 动力不确定系统

32.（　　）是经有特殊工艺连续挤出发泡成型的材料，其表面形成的硬膜均匀平整，内部完全闭孔发泡连续均匀，呈蜂窝状结构，因此具有高抗压、轻质、不吸水、不透气耐磨、不降解的特性。

A. 苯板　　　　　　　　　　B. 聚苯乙烯泡沫板
C. 挤塑聚苯乙烯泡沫板　　　D. 三合板

33.（　　）是一种粒状多孔的二氧化硅水合物，由硅酸钠加酸后洗涤干燥制得，主要用作干燥剂以及柱色谱和薄层色谱中的吸附剂。

A. 干燥剂　　　　　　　　　B. 防腐剂
C. 固体胶　　　　　　　　　D. 建筑硅胶

34.（　　）是优异的防火保温材料，也是国际上公认的"第五常规能源"中的主要节能材料。

A. 岩棉制品　　　　　　　　B. 苯板
C. 干挂石材　　　　　　　　D. 聚苯乙烯泡沫板

35.（　　）是连接排水管道系统与室内地面的重要接口，作为住宅中排水系统的重要部件，它排除的是地面水、水渍、固体物、纤维物、毛发、易沉积物等。

A. 排水口　　　　　　　　　B. 阀口

C. 地漏　　　　　　　　D. 检查口

36. （　　）是近期研制的新产品，它具有遇水膨胀的特殊性能。具有弹性接缝止水材料的密封防水作用，当接缝两面侧距离加大到弹性防水材料的弹性复原率以外时，由于该材料具有遇水膨胀的特性。在材料膨胀范围以内仍然能起止水作用。

　　A. 制品性止水条　　　　B. 自粘性胶条
　　C. 防水条　　　　　　　D. 腻子型止水条

37. （　　）具有吸水后膨胀率高、加压不失水、与空气接触不风化、耐酸碱性稳定、抗老化等优点。该产品主要应用于盾构施工法现砌接缝防水、建筑物变形缝、施工缝用止水带。

　　A. 制品性止水条　　　　B. 自粘性胶条
　　C. 防水条　　　　　　　D. 腻子型止水条

38. （　　）是由丁基橡胶填充挤增塑剂及其他特种助剂，经过特殊工艺加工而成的一种新型橡胶防水材料。它不仅填充混凝土土气孔缝隙，而且在一定压力下与混凝土有良好的粘结力，使其与混凝土联为一体，起到防水止水的作用。

　　A. 制品性止水条　　　　B. 自粘性胶条
　　C. 防水条　　　　　　　D. 腻子型止水条

39. （　　）是由高密度聚乙烯（HDPE）经塑料挤出机挤出成型的单壁波纹管，用于后张预应力混凝土结构，作为预应力筋的成孔管道。

　　A. 预应力塑料波纹管　　B. 金属波纹管
　　C. 塑料横纹管　　　　　D. 正应力波纹管

40. （　　）在箱型基础或地下室，底板和外墙板的混凝土是分开浇捣的，下次再浇捣墙板混凝土时，就有一条施工冷缝，当这条缝的位置在地下水位线以下时，就容易产生渗水。

　　A. 防水条　　　　　　　B. 自粘性胶条
　　C. 钢板止水带　　　　　D. 制品性止水条

41. 钢筋和预埋件加工，钢筋弯折的弯弧内直径应符合下列规定,光圆钢筋,不应小于钢筋的（　　）倍。

A. 1.5　　　　　　　　B. 2.0

C. 2.5　　　　　　　　D. 3.0

42. 钢筋和预埋件加工,钢筋弯折的弯弧内直径应符合下列规定：335MPa级、400MPa级等带肋钢筋不应小于钢筋直径的（　　）倍。

A. 2　　　　　　　　　B. 3

C. 4　　　　　　　　　D. 5

43. 钢筋和预埋件加工,钢筋弯折的弯弧内直径应符合下列规定：箍筋弯折处不应（　　）纵向受力钢筋的直径。

A. 大于　　　　　　　B. 等于

C. 小于　　　　　　　D. 大于等于

44. 钢筋和预埋件加工,钢筋弯折的弯弧内直径应符合下列规定：纵向受力钢筋的弯折后平直段长度应符合设计要求；光圆钢筋末端做180°弯钩时,弯钩的平直段长度不应小于钢筋直径的（　　）倍。

A. 2　　　　　　　　　B. 3

C. 4　　　　　　　　　D. 5

45. 箍筋、拉筋的末端应按设计要求做弯钩,并应符合下列规定：对一般结构构件,箍筋弯钩的弯折角度不应小于90°,弯折后平直段长度不应小于箍筋直径的（　　）倍。

A. 2　　　　　　　　　B. 3

C. 4　　　　　　　　　D. 5

46. 定位轴线复核在作业层混凝土顶板上,弹设控制线以便安装墙体就位,保证预埋管道连接就位准确,包括墙体及洞口边线及墙体（　　）水平位置控制线。

A. 30cm　　　　　　　B. 40cm

C. 50cm　　　　　　　D. 60cm

47. 预埋件的制作过程应采取有效措施防止成品超标准变形,

否则采取矫正措施,主要有(　　)矫正和(　　)矫正两种。(　　)

　　A. 冷,热　　　　　　　　B. 正,负
　　C. 正,误　　　　　　　　D. 精,略

48. 同一厂家、同一规格的灌浆套筒连接接头试件,连续检验10个验收批抽样试件抗拉强度检验合格时,验收批接头数量可扩大为(　　)个。

　　A. 1000　　　　　　　　　B. 2000
　　C. 3000　　　　　　　　　D. 4000

49. (　　)是以集装箱为基本单元,在工厂内流水生产完成各模块的建造并完成内部装修,再运输到施工现场,快速组装成多种风格的建筑。

　　A. 预制集装箱式房屋　　　B. 板材建筑
　　C. 盒式建筑　　　　　　　D. 升板升层建筑

50. (　　)具有良好的可调节性,可节省大量的安装时间,确保快速施工,节省成本。槽内使用填充物能够防止混凝土进入槽内。

　　A. 预应力金属波纹管　　　B. 直螺纹套筒
　　C. 哈芬槽　　　　　　　　D. 灌浆套筒

51. (　　)耐腐蚀性和耐撞击性极强,能在强大外力的撞击下,材质不破裂,韧性强。它用于高标砖的水质管道输送,质量和经济效果达到最佳,连接方式主要有冷胶溶接法。

　　A. PE 管　　　　　　　　B. 2PVC-U 管
　　C. ABS　　　　　　　　　D. PPR 管

52. 预制构件的混凝土强度等级不宜低于(　　),预应力混凝土预制构件的混凝土强度等级不宜低于(　　),现浇混凝土的强度等级不应低于(　　)。(　　)

　　A. C30,C40,C25　　　　　B. C30,C25,C40
　　C. C25,C30,C40　　　　　D. C20,C40,C25

53. 预制剪力墙结构体系使用较多的竖向钢筋连接是（　　），降低了套筒的使用数量，也降低了综合成本。
   A. 底部预留后浇区连接　　　　B. 套筒灌浆连接
   C. 螺旋箍筋约束浆锚搭接连接　D. 金属波纹管浆锚搭接连接

54. 建筑构件堆放应有一定的挂钩绑扎间距，堆放时，相邻构件之间的间距不小于（　　）。
   A. 300mm　　　　　　　　　B. 200mm
   C. 250mm　　　　　　　　　D. 350mm

55. 建筑预制构件起吊时，绳索与件水平面所成夹角不宜小于（　　），当小于该角度时，应经过验算或采用平衡钢梁起吊。
   A. 45°　　　　　　　　　　B. 30°
   C. 60°　　　　　　　　　　D. 90°

56. 钢筋套筒灌浆连接接头的（　　）强度不应小于连接钢筋（　　）强度标准值，且破坏时应断于接头外钢筋。（　　）
   A. 抗剪，抗拉　　　　　　　B. 抗拉，抗剪
   C. 抗剪，抗剪　　　　　　　D. 抗拉，抗拉

57. 接头试件及灌浆料试件应在（　　）养护条件下养护，接头试件在试验前不应进行（　　）。（　　）
   A. 标准，预拉　　　　　　　B. 同条件，预拉
   C. 标准，抗压　　　　　　　D. 同条件，抗压

58. 套筒灌浆连接施工前应（　　）。
   A. 组织进行专家论证　　　　B. 编制施工组织设计
   C. 编制专项施工方案　　　　D. 提报施工人员名单

59. 套筒灌浆构件制作中，连接钢筋与全灌浆套筒安装时，应逐根插入灌浆套筒内，插入深度应满足设计（　　）要求。
   A. 搭接长度　　　　　　　　B. 锚固深度
   C. 锚固长度　　　　　　　　D. 搭接深度

60. 钢筋套筒灌浆连接目前主要用于（　　）结构中墙柱等重要（　　）构件中的底部钢筋同截面100%连接处。（　　）

A. 装配式，横向 B. 装配式，竖向
C. 剪力墙，横向 D. 剪力墙，竖向

61. 工程应用套筒灌浆连接及验收时，型式检验报告送检单位与现场接头提供单位应（　　）。

A. 不同 B. 相似
C. 一致 D. 分类

62. 当施工过程中灌浆料抗压强度、灌浆质量不符合要求时，应由（　　）提出技术处理方案。

A. 建设单位 B. 监理单位
C. 施工单位 D. 设计单位

63. 施工中若更换灌浆套筒、灌浆料，应（　　）进行接头型式检验及规定的灌浆套筒、灌浆料进场检验与工艺检验。

A. 重复 B. 重新
C. 反复 D. 继续

64. 接头试件及灌浆料试件应在标准养护条件下养护（　　）。

A. 15d B. 30d
C. 28d D. 7d

65. 灌浆套筒进厂（场）时，应抽取灌浆套筒检验外观质量、标识和尺寸偏差，检查数量为（　　）。

A. 同一批号、同一类型、同一规格的灌浆套筒，不超过1000个为一批，每批随机抽取10个灌浆套筒

B. 同一批号、同一类型、同一规格的灌浆套筒，不超过500个为一批，每批随机抽取50个灌浆套筒

C. 同一批号、同一类型、同一规格的灌浆套筒，不超过1000个为一批，每批随机抽取20个灌浆套筒

D. 同一批号、同一类型、同一规格的灌浆套筒，不超过100个为一批，每批随机抽取2个灌浆套筒

66. 钢筋连接套筒中，连接套筒益选用（　　）。

A. 丝接套筒 B. 灌浆套筒

C. 焊接套筒　　　　　　　　D. 绑扎套筒

67. 预制构件的钢筋骨架及网片的安装位置、间距、保护层厚度、允许偏差在检查中应（　　）。

A. 检查1/2　　　　　　　　B. 检查1/5

C. 抽查20%　　　　　　　　D. 全部检查

68. 钢筋连接套筒和预埋螺栓孔应采取（　　）措施。

A. 封堵　　　　　　　　　　B. 稳固

C. 支撑　　　　　　　　　　D. 保护

69. 预制构件外观质量判定方法中，发现孔洞现象（混凝土中孔穴深度和长度超过保护层厚度），质量要求此现象（　　）。

A. 允许少量

B. 不宜有

C. 不应有

D. 深度不应有，长度允许少量

70. 构件表面破损和裂缝处理方案中，影响钢筋、连接件、预埋件锚固的破损，处理方案为（　　）。

A. 现场修补　　　　　　　　B. 修补

C. 废弃　　　　　　　　　　D. 修补前告知甲方及监理

71. 构件表面破损和裂缝处理方案中，影响结构性能且不能恢复的破损，处理方案为（　　）。

A. 现场修补　　　　　　　　B. 修补

C. 废弃　　　　　　　　　　D. 组织专家论证后进行修补

72. 构件表面破损和裂缝处理方案中，宽度超过0.2mm的裂缝，应（　　）。

A. 用环氧树脂浆料修补

B. 用专用防水浆料修补

C. 用不低于混凝土设计强度的专用修补浆料修补

D. 废弃

73. 构件表面破损和裂缝处理方案中，宽度不足0.2mm、且在外表面时的裂缝，应（　　）。

A. 用环氧树脂浆料修补

B. 用专用防水浆料修补

C. 用不低于混凝土设计强度的专用修补浆料修补

D. 废弃

74. 构件表面破损和裂缝处理方案中，破损长度超过20mm的，应（　　）。

A. 用环氧树脂浆料修补

B. 用专用防水浆料修补

C. 用不低于混凝土设计强度的专用修补浆料修补

D. 废弃

75. 预制构件在工厂生产过程中，应对钢筋、混凝土、保温材料、套筒、拉结件等主要原材料进行（　　），必要时应对预制构件结构性能进行（　　）。（　　）

A. 全数检查，抽样检查　　　B. 全数检查，全数检查

C. 全数检查，全数检查　　　D. 抽样检查，抽样检查

76. 装配式混凝土施工中，夹心外墙宜采用（　　）浇筑方式成型，保温材料宜在混凝土成型过程中放置固定。

A. 竖向　　　　　　　　　　B. 水平

C. 泵车　　　　　　　　　　D. 塔吊布料机

二、多选题

1. 预埋件钢筋埋弧压力焊的焊接参数主要包括（　　）等。

A. 引弧提升高度　　　　　　B. 焊接电流

C. 焊接通电时间　　　　　　D. 电弧电压

2. 预埋作业安全防护工具安全防护用具，包括（　　）等个人防护用具。

A. 安全帽　　　　　　　　　B. 安全带

C. 安全网 D. 安全绳

E. 绝缘鞋、绝缘手套

3. 焊缝尺寸不符合要求的有（　　）。

A. 焊件坡口角度不当，间隙不均匀

B. 焊接电流过大或过小

C. 运条速度或施焊时焊条角度不当

D. 操作不熟练

4. 焊瘤产生的原因有（　　）。

A. 点焊过高 B. 运条不当或电弧过长

C. 电流不适当 D. 熔化时间过长

5. 夹渣产生的原因有（　　）。

A. 焊接电流过小 B. 坡口角度太小

C. 焊件上有较厚锈蚀 D. 药皮性能不适用

E. 操作不熟练

6. 气孔产生的原因有（　　）。

A. 碱性焊条受潮，药皮变质，钢芯锈蚀

B. 非碱性焊焙烘温度过高，药变质

C. 埋弧压力焊时焊剂未按规定焙烘，焊丝不清洁

D. 焊件表面有水、油污及熔渣、油漆等

E. 电流过大焊条烧红

7. 未焊透产生的原因有（　　）。

A. 电流过小，施焊过速，热量不足

B. 运条不正确，焊条偏向坡口一侧

C. 拼装间隙不正确，不易施焊

D. 焊条没有伸入焊缝根部

E. 起焊温度较低

F. 双面焊时没有清根

8. 钢筋、成型钢筋进场检验，当满足下列（　　）条件之一时，其检验批容量可扩大一倍。

A. 获得认证的钢筋、成型钢筋

B. 同一厂家、同一牌号、同一规格的钢筋，连续三批均一次检验合格

C. 同一厂家、同一类型、同一钢筋来源的成型钢筋，连续三批均一次检验合格

D. 钢筋直径验收正确

9. 装配式构件预留预埋包括（　　）。

A. 构件图组成图纸　　　　B. 模板图

C. 配筋图　　　　　　　　D. 拉结件布置图

E. 节点大样图

10. 按直螺纹套筒的基本使用条件常用套筒型号分为（　　）几种，特殊型号套筒应符合相关设计要求。

A. 标准型　　　　　　　　B. 异径型

C. 正反丝扣型　　　　　　D. 扩口型异径正反丝扣型

E. 加锁母型

11. 直螺纹套筒是传递钢筋轴向拉力或压力的钢筋机械接头用的钢套管。直螺纹套筒分为（　　）。

A. 直接滚轧直螺纹套筒　　B. 剥肋滚轧直螺纹套筒

C. 镦粗直螺纹套筒　　　　D. 异径型直螺纹套筒

12. 预应力金属波纹管又称（　　）。它采用优质钢带经轧波、卷管成形、咬口、切断等工序制成圆形和扁形波纹管。由于现在建筑上越来越多地采用预应力混凝土结构，而预应力波纹管是预应力混凝土结构所必需的。

A. 金属波纹管　　　　　　B. 金属螺旋管

C. 混凝土填充管　　　　　D. 地脚螺栓用波纹管

13. 拉力（载荷）方向主要有（　　）。

A. 轴向拉力　　　　　　　B. 斜向拉力

C. 侧向拉力　　　　　　　D. 轴向压力

14. 超小口径不锈钢穿线管（内径 3~25mm）主要用于精密光

学尺之传感线路保护、工业传感器线路保护,具有良好的( )。

A. 柔软性　　　　　　　　B. 耐蚀性
C. 耐高温　　　　　　　　D. 地耐磨损
E. 抗拉性

15. 钢筋弯折的弯弧内直径应符合下列( )规定。

A. 光圆钢筋,不应小于钢筋的 2.5 倍
B. 335MPa 级、400MPa 级等带肋钢筋,不应小于钢筋直径的 4 倍
C. 箍筋弯折处不应小于纵向受力钢筋的直径
D. 对有抗震设防要求或设计有专门要求的结构构件,箍筋弯钩的弯折角度不应小于 120°

16. 施工准备包括( )。

A. 技术准备:施工前的技术交底(参考图必须附图明示,不能只给图号)、人员培训、规范验标的学习、原材料的报检报验、施工配合比、开工报告手续的完善等
B. 劳动力的组织:各个施工环节的人员安排和职责分工
C. 材料准备:施工中各种原材料和外加剂的用量计划(要有足够的存量)
D. 机具和设备的准备:各种施工机具的用量计划(要有备用计划和措施)

17. 结构连接件是连接构件与构件(钢筋与钢筋),或起到锚固作用的预埋件。如( )、内墙连接件、板板连接件、外挂连接螺纹杆等。

A. 灌浆套筒　　　　　　　B. 钢筋锚板
C. 直螺纹套筒　　　　　　D. 金属波纹管
E. 哈芬槽

18. 支模吊装件是便于现场支模、支撑、吊装的预埋件。如( )等。

A. 锚栓套筒　　　　　　　　B. 塑料胀管
C. 吊钉　　　　　　　　　　D. 提升管件

19. 填充物是起到保暖、减重，或填充预留缺口的预埋件。如（　　）等。

A. 挤塑聚苯乙烯泡沫板　　　B. 聚苯乙烯泡沫板
C. 硅胶及硅胶填充件　　　　D. 岩棉

20. 水电暖通等功能件是通水、通电、通气或连接外部互动部件的预埋件。如（　　）等。

A. 线管、线盒　　　　　　　B. 给排水管
C. 电箱及附件　　　　　　　D. 套管
E. 地漏

21. 现浇剪力墙结构形式的优点有（　　）。

A. 节能环保，更符合绿色建筑理念
B. 抗震性较好，是国际上超高层建筑广泛采用的结构形式
C. 能够获得尽量宽敞的使用空间
D. 主功能空间占据最佳的采光位置
E. 现场拼装误差率小

22. 关于预制混凝土装配式构件的制作和运输，说法正确的有（　　）。

A. 制定加工制作方案、质量控制标准
B. 保温材料需要定位及保护
C. 必须进行加工详图设计
D. 模具、钢筋骨架、钢筋网片、钢筋、预埋件加工不允许偏差

23. 装配式建筑预制外墙挂板进行焊接施工前应对焊接材料的（　　）进行检查，各项指标应符合标准和设计要求。

A. 品种　　　　　　　　　　B. 刚度
C. 性能　　　　　　　　　　D. 规格
E. 稳定性

24. 装配整体式混凝土结构是由预制混凝土构件或部件通过（　　）加以连接并现场浇筑混凝土而形成整体的结构。

　　A. 钢筋　　　　　　　　B. 连接件

　　C. 施加预应力　　　　　D. 钢筋套筒

　　E. 墙柱

25. 装配整体式混凝土结构的优点有（　　）。

　　A. 可以节省模板　　　　B. 改善制作时的施工条件

　　C. 提高劳动生产率　　　D. 加快施工进度

　　E. 整体性好

26. 套筒灌浆工程现场施工过程中会遇见的问题可能有（　　）。

　　A. 灌浆机堵管　　　　　B. 封堵失效，出现漏浆

　　C. 封堵失效，大面积漏浆　D. 灌浆完成后不密实

　　E. 测流动性，留置试块

27. 套筒灌浆工程中灌浆工艺流程包括（　　）。

　　A. 固定橡胶条分仓　　　B. 吊装预制墙体并校正

　　C. 缝隙封堵，拌制灌浆料　D. 测流动度，留置试块

　　E. 注浆、堵孔

28. 预制构件合格证的内容包括（　　）。

　　A. 生产单位　　　　　　B. 出厂日期

　　C. 构件编号　　　　　　D. 生产日期

　　E. 存放天数

29. 预制楼梯、叠合楼板的吊装工艺流程包括（　　）。

　　A. 支撑搭设　　　　　　B. 挂钩、检查水平

　　C. 吊运　　　　　　　　D. 安装就位

　　E. 调整取钩

30. 预制构件外观质量缺陷包括（　　）。

　　A. 构件内钢筋未被混凝土包裹而外露

　　B. 混凝土表面缺少水泥浆而形成石子外露

C. 混凝土中孔穴深度和长度均超过保护层厚度

D. 混凝土中夹有杂物且深度超过保护层厚度

E. 构件连接处混凝土缺陷及连接钢筋、连接铁件松动

31. 灌浆料进场时，应对（　　）进行检验。

A. 泌水率

B. 灌浆料拌合物 30min 流动度

C. 3d 抗压强度

D. 28d 抗压强度

E. 3h 竖向膨胀率

32. 应进行接头型式检验的情况有（　　）。

A. 确定接头性能时

B. 灌浆套筒材料、工艺、结构改动时

C. 灌浆料型号、成分改动时

D. 钢筋强度等级、肋形发生变化时

E. 型式检验报告超过 4 年时

33. 预制构件生产前，应编制构件生产方案，构件生产方案应包括（　　）。

A. 生产计划及生产工艺　　　B. 模具计划及组装方案

C. 物流管理计划　　　　　　D. 成品保护计划

E. 技术质量控制措施

34. 预制构件出厂前进行成品质量验收，检查项目包括（　　）。

A. 外观质量

B. 外形尺寸

C. 预制构件的钢筋、连接套筒

D. 预制构件的预埋件、预留孔洞等

35. 预制构件出厂交付时，应向使用方提供（　　）。

A. 预制构件隐蔽工程质量验收表

B. 预制构件出厂质量验收表

C. 钢筋出厂复验报告

D. 产品合格证

E. 混凝土留样检验报告

36. 装配式混凝土结构子分部工程应在安装施工过程中完成下列（　　）隐蔽项目的现场验收。

A. 结构预埋件、钢筋接头、螺栓连接、套筒灌浆接头等

B. 预制构件与结构连接处钢筋及混凝土的结合面

C. 预制混凝土构件接缝处防水、防火作法

D. 钢筋套筒灌浆连接的施工检验记录

E. 连接构造节点的隐蔽工程检查验收文件

37. 装配式混凝土结构子分部工程施工质量验收合格应符合下列（　　）规定。

A. 检验批质量验收合格

B. 有关分项工程施工质量验收合格

C. 质量控制资料完整且符合要求

D. 观感质量验收合格

E. 结构实体检验满足设计或本规程的要求

38. 当装配式混凝土结构子分部工程施工质量不符合要求时，应按下列（　　）规定进行处理。

A. 经返工、返修或更换构件、部件的检验批，应重新进行检验

B. 经有资质的检测单位检测鉴定达到设计要求的检验批，应予以验收

C. 经有资质的检测单位检测鉴定达不到设计要求，但经原设计单位核算并确认仍可满足结构安全和使用功能的检验批，可予以验收

D. 经返修或加固处理能够满足结构安全使用要求的分项工程，可根据技术处理方案和协商文件进行验收

E. 工程的质量问题的处理方案和验收记录

39. 装配整体式混凝土结构子分部工程包括（　　）。

A. 钢筋分项工程　　　　　　B. 预应力分项工程

C. 混凝土分项工程　　　　　D. 现浇结构分项工程

E. 装配式结构分项工程

40. 装配整体式结构实体检验包含（　　）。

A. 涉及结构安全的重要部位（柱、梁、墙）的混凝土强度、钢筋保护层厚度

B. 工程约定的检验项目

C. 约定的，必要时可检验的其他项目。结构实体检验主要对混凝土强度、重要结构构件的钢筋保护层厚度两个项目进行

D. 当工程有约定时，可根据确定其他检验项目和相应的检验方法、检验数量、合格条件，但其要求不得低于本规范的规定

E. 当有专门要求时，也可以进行其他项目的检验，但应由作出相应的规定

41. 装配式混凝土结构后期维护有（　　）。

A. 定期严格检测关键部位的安全性能

B. 对有质量问题的部件进行必要的加固措施

C. 对受损配件进行更换或维修

D. 所有构件采用现场支模板，现场浇筑混凝土，现场养护

E. 门窗框应采取包裹或覆盖等保护措施

42. 监理单位对套筒灌浆连接施工中，应进行（　　）验收。

A. 灌浆套筒进厂（场）外观质量、标识和尺寸偏差检验

B. 灌浆套筒进厂（场）接头力学性能检验，部分检验可与工艺检验合并进行

C. 预制构件进厂验收

D. 灌浆安全检验

E. 灌浆质量检验

43. 预制混凝土构件进厂验收的主要项目有（　　）。

A. 检查质量证明文件　　　　B. 外观质量

C. 使用说明书　　　　　　　D. 尺寸偏差

E. 标识

参考文献

[1] 中国建筑标准设计研究院有限公司.15G365—1 预制混凝土剪力墙外墙板［S］.北京：中国计划出版社，2015.

[2] 中国建筑科学研究院有限公司.GB/T 51231—2016 装配式混凝土建筑技术标准［S］.北京：中国建筑工业出版社，2017.

[3] 住房和城乡建设部政策研究中心厨房卫生间研究所等.JG/T 183—2011 住宅整体卫浴间［S］.北京：中国标准出版社，2012.

[4] 中国建筑设计研究院.GB 50096—2011 住宅设计规范［S］.北京：中国建筑工业出版社，2011.

[5]《装配式混凝土结构工程施工与质量验收规程》DB 11/T 1030—2013.

[6]《装配式混凝土结构工程施工与质量验收规程》DB J61/T 118—2016.

[7]《装配式混凝土结构工程施工质量验收规程》DB 4401/T 16—2019.

[8]《装配式混凝土结构技术规程》JGJ 1—2014.

[9]《装配式混凝土建筑技术标准》GBT 51231—2016.

[10]《装配式混凝土建筑技术工人职业技能标准（重庆）》DBJ

50T—298—2018.

[11] 胡戎，朱文，陈众励．装配式建筑电气管线技术研究［J］．建筑电气，2018（8）．

[12] 徐言毓，陈永生，王海川等．装配式建筑机电安装施工技术研究［J］．安装，2018（8）：20-21．

[13] 窦春叶，王海松．装配式住宅电气设计要点［J］．智能建筑电气技术，2017，08（3）：1-5．

[14] 张琦，舒伟杰．装配式建筑结构吊装预埋件的应用［J］．基层建设，2017（21）．

[15] 王晓峰，陈海忠，陆志超．NPC 预制装配式住宅机电线管预埋技术［J］．安装，2012（10）．

[16] 郭旭东．浅谈机电安装工程预制装配式施工技术及发展趋势［J］．工程技术，2019（3）．

[17]《中国土木建筑百科辞典》总编委会．中国土木建筑百科辞典［M］．北京：中国建筑工业出版社，1999.

[18] 张建荣，郑晟．装配式混凝土建筑识图与构造［M］．上海：上海交通大学出版社，2017.

[19] 应枢德．装配式墙体材料与施工［M］．北京：机械工业出版社，2008.

[20] 唐芬，赵彬．预制装配式建筑施工要点集［M］．北京：中国建筑工业出版社，2018.